Hernán Miranda

Gasificación de Carbón Tecnología Limpia - Producción de Nitrogenados

Hernán Miranda

Gasificación de Carbón Tecnología Limpia - Producción de Nitrogenados

Alternativa Ambientalmente Amigable para Eliminar el Hambre a Nivel Mundial y suministro de una Energía Mínima Vital

Editorial Académica Española

Imprint
Any brand names and product names mentioned in this book are subject to trademark, brand or patent protection and are trademarks or registered trademarks of their respective holders. The use of brand names, product names, common names, trade names, product descriptions etc. even without a particular marking in this work is in no way to be construed to mean that such names may be regarded as unrestricted in respect of trademark and brand protection legislation and could thus be used by anyone.

Cover image: www.ingimage.com

Publisher:
Editorial Académica Española
is a trademark of
International Book Market Service Ltd., member of OmniScriptum Publishing Group
17 Meldrum Street, Beau Bassin 71504, Mauritius
Printed at: see last page
ISBN: 978-620-2-12714-1

CONTENIDO

INTRODUCCION.

La humanidad en general ha llegado a un punto de no retorno en tomar decisiones que nos van a permitir a hacer o no vivible el planeta; estamos enfrentados a una comodidad limitada en el tiempo o a la supervivencia garantizada y sostenible. El actor principal de este dilema es el manejo que demos a las fuentes de energía hasta hoy disponibles, ya sean combustibles fósiles, biocombustibles , hidráulicos y fuentes alternativas (eólica, solar, geotérmica etc).

Paralelo a la disponibilidad y uso de las fuentes energéticas actuales, está el crecimiento de la población mundial la cual ,para el año 2050 está proyectada a 8100 millones de habitantes , es decir 2000 millones más de personas que alimentar. De la población mundial actual 1000 millones de personas no poseen un servicio básico de electricidad.

Las necesidades básicas mundiales de alimentos (fertilizantes) y energía, se suplen a través del petróleo, gas natural y carbón y solo un bajo porcentaje (3,2%) con fuentes de energía renovables. La disponibilidad de reservas (R/P) para estos energéticos es de 35 años para el petróleo, 50 años para el gas natural y > de 100 años para el carbón.

El carbón puede que sea sucio , contaminante y causa principal de las emisiones de gases de invernaderos : CO_2 , NOX, SOX , pero es abundante y el único que nos puede garantizar el cubrimiento de nuestras necesidades básicas de energía y alimentos, mientras las enenrgia alternativas alcanzan un nivel técnico y económica asequible a la humanidad. Antes esta disyuntiva ¿qué hacer ?. Recurrir a Tecnologías Limpias que lo hagan amigable con el Medio Ambiente y orientar el consumo del gas natural a un uso más noble, como el Vehicular y Domestico.

Con las premisas anteriores, se presenta en este trabajo un Proyecto para ser implementado en Colombia, país abundante en carbón, pero algo limitado en gas y petróleo. Se parte de un sistema probado de Gasificación (Shell,) en una térmica a carbón de ciclo combinado , con capacidad de producir 135 MW de energía. El 80% de la enenrgia se produce con gas de síntesis proveniente del gasificador y el 20% con vapor residual del proceso de gasificación. Las emisiones de CO_2 en una térmica convencional a carbón, son el doble al de una térmica operada con Gas Natural; pero, para este caso específico el Gas de síntesis se utiliza para producir 1000 TM/DIA de amoniaco y hasta 1700TMD de Urea. La producción de Urea consume el 50% del CO2 generado, consiguiendo un índice de emisión equivalente de 0.482 Ton CO2-mes / MWh2, inferior al índice real en Colombia de 0.531 Ton CO-mes / MW generado, si se operara con gas natural para producir los 135MW solamente . Las emisiones de NOx/ SOx (causas de la lluvia ácida) también son inferiores a las de una térmica a gas. Adicionalmente la producción de energía se reduce de 135 MW a solo 16.87 MW, pero esta energía es generada con vapor y cero emisiones de CO2/ NOx/SOx. Las emisiones de material particulado se reducen > 95% comparadas con una térmica convencional a carbón.

Para el caso particular del mercado Colombiano la producción de Urea es rentable y compite con el producto producido con gas natural a un precio actual de 5.50 US$/ MBTU y un precio equivalente a 50 US$ / TM de Carbón. Para la generación eléctrica la incidencia con estos precios (sólo combustible) es de 0.047 US$/Kw producido con gas y de 0.017 US$/Kw producido con carbón. SE CONCLUYE QUE ES UNA ALTERNATIVA TECNICA, ECONOMICA Y AMBIENTALMETE VIABLE

CAP. 1 EL PORQUE Y ALCANCE DE ESTE ESTUDIO.

El porqué. La vida de los seres humanos en la Tierra está condicionada a la forma como utiliza la energía. Los alimentos que consumimos, el carbón que usan las Térmicas para generación eléctrica en todo el mundo y la inmensa cantidad de Petrolero y Gas natural en la Industria, son todas formas de energía y sólo su uso racional puede poner fin a la Pobreza Mundial y garantizar la vida humana.

Según cifras del Banco Mundial 1.000 millones de personas en el Mundo viven sin electricidad; para el año 2040 habrán 2.000 millones de personas mas que alimentar y para el 2050 la población mundial proyectad será de 8.100 millones de habitantes vs 7.000 millones actuales (2017).

Los combustibles físiles: Petróleo, Gas y Carbón suministraron el 85.5% de enenrgia en el Mundo . El 45% de la energía eléctrica se generó con carbón (COP 21 Paris 2015). Surgió el compromiso que los países participantes harían sus mejores esfuerzos por reducir las emisiones de C02 en un 20% comparadas con las emisiones registrada a partir de la era Pree-Industrial, acción con la cual se espera en el futuro próximo un calentamiento global inferior o igual a sólo 2° grados centígrados.

El siguiente es el Panorama Energético Mundial—2017 (World Energy -2017), según la fuente:

Petróleo = 33.3% / Gas Natural = 24.10% / Carbón = 28.10 % / Nuclear = 4.5% / Hidráulica = 6.8%./ Renovables = 3.2%. Podríamos deducir que las fuentes Renovables de energía, antes de 40 años no tendrán el desarrollo ni la factibilidad económica de reemplazar o igualar a los combustibles fósiles.

La relación Reserva / Producción   (R/P) a nivel mundial para los combustibles fósiles , a las tasas de consumos actuales (2017) se resume:

Petróleo = 35 años / Gas Natural = 50 años/ Carbón > 100 años. Es razonable pensar en el reemplazo de gas por carbón (donde sea posible), liberando así gas para un uso más noble y prolongado : gas domiciliario.

El carbón puede que sea sucio y contamínate, pero es una fuente energética abundante y barata comparado con el petróleo y el gas. Sin embargo el desarrollo de Tecnologías Limpias, mediante el proceso de Gasificación, demuestran que los niveles de emisión que se alcanzan son similares y en algunos caso inferiores a los obtenidos, en térmicas operadas con gas natural.

El Alcance. Basado en las premisas del Porqué , Utilizando tecnologías probadas y en operación en el mundo, se propone y evalúa un complejo para producir simultáneamente Amoniaco / Urea y Generación eléctrica a partir de carbón; presentando así una alternativa técnica, económica y ambientalmente viable como una solución al problema mundial de alimentación y generación básica primaria en el mundo.

China genera el 77.8% de su electricidad con carbón, Alemania el 45.8% , USA el 39.3% (2013).y Japón el 30%. Hay que resaltar que China y Estados Unidos son los mayores contaminantes de CO_2 en el mundo. El reto es como generar energía con carbón de una forma más ecológica acorde con estándares mundiales, recurriendo a las denominadas tecnologías limpias de carbón. CCT   . .

CAP.2 GASIFICACION DE CARBON (CCT TECHNOLOGY)

QUE ES LA GASIFICACION DEL CARBON .

La Gasificación del Carbón, es un proceso que transforma el carbón de su estado sólido, en un combustible gaseoso (fundamentalmente $CO + H2$ denominado gas de síntesis Syngas), mediante un proceso de oxidación parcial ; a este Gas se Síntesis hay que retirarle una serie de sustancias contaminantes como son los compuestos de azufre (SOx) , Óxidos Nitrosos (NOx) y cenizas originales del carbón, mediante técnicas hoy en día bien desarrolladas. El resultado es una fuente energética gaseosa, limpia y transportable; rompiendo así el mito del carbón sucio y contaminante. La química del proceso de gasificación es compleja, se presenta a continuación algunas de las reacciones más importantes. La finalidad de este trabajo no es el análisis termodinámico de las reacciones en proceso de gasificación sino la escogencia de los Gasificadores , sus condiciones de operación y aplicabilidad en procesos de generación eléctrica y producción de Gas de síntesis para la producción de Fertilizantes Nitrogenados en particular o la industria química en general.

Sobre la cinética de las reacciones y diseños específicos de los reactores (Gasificadores) existen compendios especializados y no está en el alcance de este trabajo su evaluación, sino su uso.

Reacciones exotérmicas

Combustión de carbono:
$$\begin{cases} C + O_2 = CO_2 \text{ (Combustión con Oxígeno) } (-393 \ kJ/mol) \\ C + \frac{1}{2} O_2 = CO \text{ (Gasificación con Oxígeno)} \end{cases}$$

Intercambio gas-agua: $CO + H_2O = CO_2 + H_2$ $(-41 \ kJ/mol)$

Metanización:
$$\begin{cases} CO + 3 H_2 = CH_4 + H_2O \text{ (Metanización) } (-205 \ kJ/mol) \\ C + 2 H_2 = CH_4 \text{ (Gasificación con Hidrógeno) } (-74 \ kJ/mol) \end{cases}$$

Reacciones endotérmicas

Reacción Boudouard: $C + CO_2 = 2 \ CO$ *(Gasificación con anhidrido carbónico) (172 kJ/mol)*

Reacción vapor-carbono: $C + H_2O = CO + H_2$ *(Gasificación con vapor de agua) (131kJ/mol)*

Liberación de hidrógeno: $2 \ H(\ carbón\ ) = H_2\ (\ gas\ )$

Las reacciones de Metanización son importantes en los Gasificadores de Bajas Temperaturas y se favorecen por las altas presiones. Las otras ecuaciones son predominantes en Gasificadores de Alta Temperaturas y altas presiones que favorecen la formación de H2. En los Gasificadores de baja temperaturas, inferior a 1200° F las breas, aceites, fenoles no se destruyen ni descomponen, por lo tanto salen con el gas bruto.

En conclusión. Cuando el carbón se quema, su energía química se libera en forma de calor: el O2 del aire se combina con el C y H2 del carbón, produciendo CO2 y H2O. Cuando el suministro de O2 se controla de forma que se produzca calor y un nuevo combustible gaseoso conforme se consume el carbón., el proceso se denomina Gasificación.

(Referencia. Gasification Processes Old & New. Ronald W. Breaut. ,NETL. USA. DOE.- 2010).

EVOLUCION MUNDIAL DE LOS PRECIOS DE GAS NATURAL

La situación actual de precios de gas año 2016 y su tendencia en la Industria de Fertilizantes Nitrogenados a nivel mundial se presenta a continuación   (Ref International Fertilizar Association IFA).

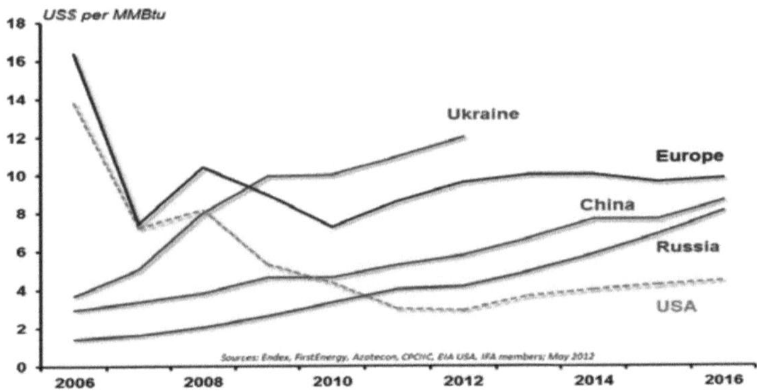

Del documento IFA. 81th Annual Conference " GLOBAL FERTILIZER AND RAW MATERIAL SUPPLY : 2013 -2017 " se presenta la anterior proyección de precios del gas en los países productores /exportadores de Nitrogenados, de los cuales el país importa estos productos. Se puede visualizar que ninguno de ellos podrá competir en precios con USA y en un futuro a mediano plazo no podrán exportar a precios iguales o inferiores a los actuales con esos precios proyectados del gas. ente. El precio al final segundo semestre del 2016 en USA fuè de 3.54 US$ / MBTU (Henry Hub Natural Gas Future . Dic 22 /2016).

De estos países solamente China podría competir en precios con los Nitrogenados procedentes de USA, dado que China basa EL 69% de su producción en Carbón principalmente , recurso que posee en abundancia y solo un 27% los produce en base a gas natural, recurso del cual es deficitario.

.

EVOLUCION NACIONAL DE LOS PRECIOS DE EXPORTACION DEL CARBON.(Mercado Colombiano)

En los últimos años el precio de exportación del carbón nacional   se ha movido ligado al precio del crudo, así: año 2011 = 102.4 US$/TM; año 2014 = 56.60 US$/ TM ; año 2015 =

46,54 US$/TM , año 2016 = 43.51US$/TM. Año 2017 (primer trimestre) = 63.25 US$ / TM , carbón antracita   de 11720 BTU/Lb (Agencia Nacional de Minería. ANM). No se evidencian signos de que el carbón vuelva los precios del año 2011; esto nos lleva pensar en la necesidad de aumentar y fomentar el uso racional de este recurso energético barato y abundante.

CAP. 3   CARBON UNA SOLUCION FACTIBLE A LA SITUACION ACTUAL MUNDIAL

Hemos enunciado que el mundo se encuentra actualmente enfrentado a situaciones que requieren de acciones y soluciones rápidas , dado sus incidencias en el comportamiento social , económica y ambiental..

- **Generación Eléctrica** . Garantizar el suministro permanente de energía eléctrica, independiente de factores climáticos de sequías o lluvias extremas, disponibilidad y precios de gas. etc
- **Garantía de Alimento y Eliminación del Hambre**. Promover la producción de Fertilizantes Nitrogenados, para eliminar importaciones costosas y poder suministrarlos a precios razonables dentro de los programas de eliminación del hambre y reducción de la pobreza, principalmente en países   del tercer mundo.
- **Reducción y control de gases de Invernadero.** La implementación de Tecnologías Limpias de Gasificación de Carbón, permite reducciones drásticas de emisiones de material particulado Y Gases de invernadero

Los Proyectos o Programas hasta hoy considerados para estas situaciones, se basan principalmente en Gas Natural, recurso escaso y hoy costoso.

TECNOLOGIAS LIMPIA DEL CARBON.

CLEAN COAL TECHNOLOGIES. CCT -

(Referencias US Departamento de Energía. DOE/ FE-0217P).

En la década de los 90´s el Departamento de Energía DOE de los Estados Unidos, impulso y promovió la aplicación de estas tecnologías limpias, pues para esa época ese país generaba el 57% de su energía eléctrica con térmicas a carbón, por la escasez y altos precios del gas natural. Las térmicas a carbón estaban enfrentadas a problemas de contaminación atmosféricas principalmente por las emisiones de cenizas, oxidos de azufre (SOx) y oxidos Nitrosos (NOx), Compuestos que eran la cara sucia del carbón y que dieron luz al desarrollo de dos rutas de Tec nologías Limpias. *GASIFICACION Y COMBUSTION. Estas tecnologías y la forma como el (SOx) y el (NOx) están ligados a la estructura molecular del carbón, se describen brevemente. Las técnicas hasta aquí utilizadas eran las siguientes:*

Limpieza Física en la mina. (coal beneficiation at site), se lograba reducir las emisiones de SOX significativamente , pero casi nula reducción de las emisiones de NOX.

Modificación de los Quemadores. La introducción de" Low-NOX burners" permitió operar con temperaturas menores durante la combustión del carbón, reduciendo la formación del NOX hasta un 50%.El NOX se forma con el Nitrógeno del aire durante la combustión a altas temperaturas

Limpieza Post- Combustión . Las dos técnicas enunciadas, se reforzaron con un tratamiento final a los gases de combustión, consistentes en separadores ciclones de alta eficiencia y sistema de lavado (scubbers)con una solución y aditivos. Las emisiones de SOX se redujeron hasta un 90% y las de NOX , significativamente.

SOX & NOX- LAS RUINAS DEL CARBON
Azufre SOx .

El azufre en el carbón es un legado de su formación durante el periodo geológico de " coalification" por lo cual todos los carbones lo contienen en menor o mayor grado dependiendo de su origen . (Lechos marinos o de agua dulce). El azufre existe en el carbón en dos formas: Piritico y Orgánico.

Azufre Piritico "pyritic sulfur".En la forma pirítica el azufre está combinado con hierro en partículas finamente dispersadas que son físicamente distintas al carbón. ***Azufre Orgánico.*** En su forma orgánica, el azufre está químicamente unido a los átomos de carbón.

En algunos carbones el azufre pirítico puede llegar a representar hasta el 70% del contenido total de azufre; en otros carbones el azufre orgánico es el predominante. En ambos casos la combustión o quema del carbón, libera ambas clase de azufre que reacciona con el aire formado dióxido de azufre (SO2) , conocido generalmente como SOx.

Nitrogeno. NOx.

Lo mismo que el azufre, las moléculas del Nitrogeno están atrapadas en el carbón. Cuando el carbón se quema este nitrógeno (fuel-bounded nitrogen) es liberado como oxidos nitrosos (NOx). Pero la combustión también crea NOx térmico, el cual se forma cuando Nitrogeno molecular es tomado ("pulled ") del aire y al combinarse con oxigeno a la temperatura de combustión , típica de 3000° F o más . La mayoría del NOx es producido térmicamente, es decir por este proceso.

Las Tecnologías Limpias del Carbón fueron desarrolladas para contrarrestar las objeciones ambientales del uso del carbón. Ellas reducen los dos polutantes principales :SOx / NOx cuando se combuste carbón. Polutantes responsables de la "lluvia acida" y La formación de Ozono en las capas próximas a nivel de tierra.

Estructura del Azufre Pirítico y Orgánico en el Carbón.

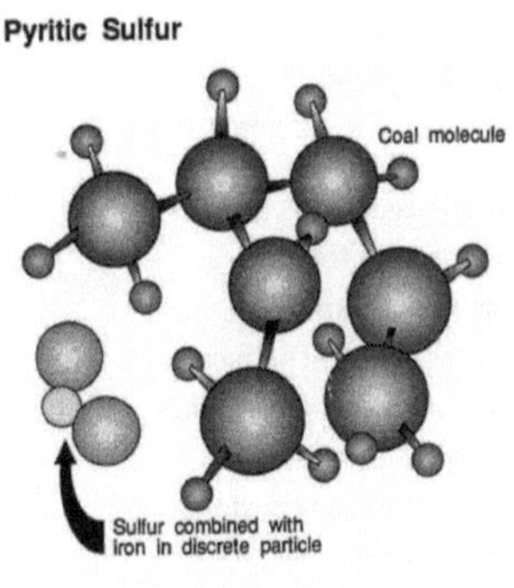

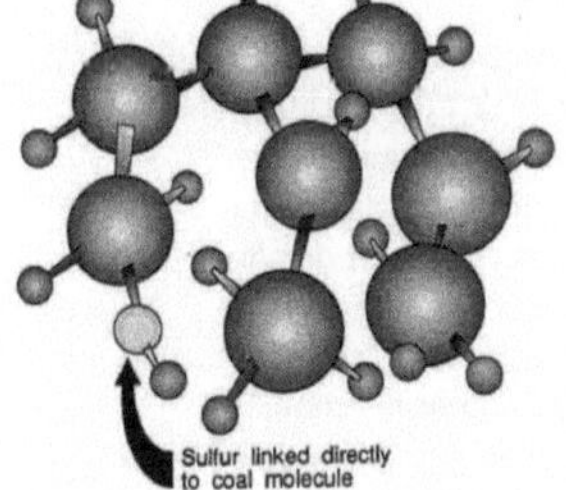

COMBUSTION. Se basa en que el carbón puede ser limpiado mientras quema, una gran ventaja pues no se requieren equipos adicionales para la remoción del Azufre y Nitrogeno. La combustión se realiza en un Lecho Fluidizado de carbón, caliza y arena. El carbón es pulverizado en partículas lo suficientemente pequeñas para formar una nube que combuste con la inyección de aire.

CONVERSION. Mediante esta técnica, el carbón se convierte en otra forma de combustible sin recurrir a combustión. En algunos procesos se convierte en un carbón liquido, en otros ,en una mezcla de liquido, gas y solidos. La conversión que aquí analizaremos es la de Gasificacion. donde el carbón se convierte en un gas de síntesis o gas sintético, para uso en generación eléctrica, combustible líiquidos (diésel) o Amoníaco..

Gasificación . El proceso se basa en producir un gas de sintesis (H2, CO principalmente) . Básicamente tiene cuatro etapas.
(1) El carbón se rompe o transforma   en moléculas gaseosos con vapor de alta temperatura y oxigeno (aire)
(2) Los gases generados son sometidos a un proceso de limpieza o purificaíon.
(3) Los gases limpios son quemados en una turbina para generar energía eléctrica.
(4) El calor residual se utiliza para producir r vapor usado en una turbina convencional de vapor para producir mas energia. Esta combinación de gas y vapor da origen al *"ciclo combinado de Generacion "*

En un Gasificador de Carbón, a diferencia de un proceso de combustión, el azufre del carbón es liberado en la forma de H2S en vez de SOx.

SECUENCIA ESQUEMATICA DEL PROCESO DE GASIFICACION DEL CARBON : VAPOR Y AIRE.

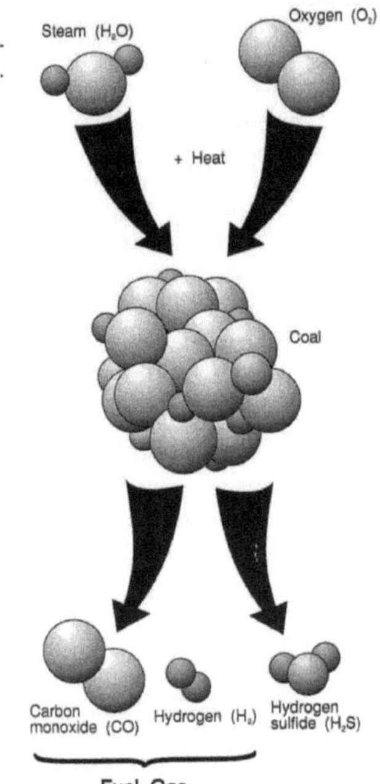

In the gasification process, coal is broken apart by a reaction with steam (water) and oxygen (or air). A mixture of carbon monoxide and hydrogen is produced. Sulfur is released as hydrogen sulfide, a gas that can be almost totally removed.

CAP. 4 PROCESOS DE : COMBUSTION & GASIFICACION.

PROCESO DE COMBUSTION EN UN LECHO ATMOSFERICO FLUIDIZADO.

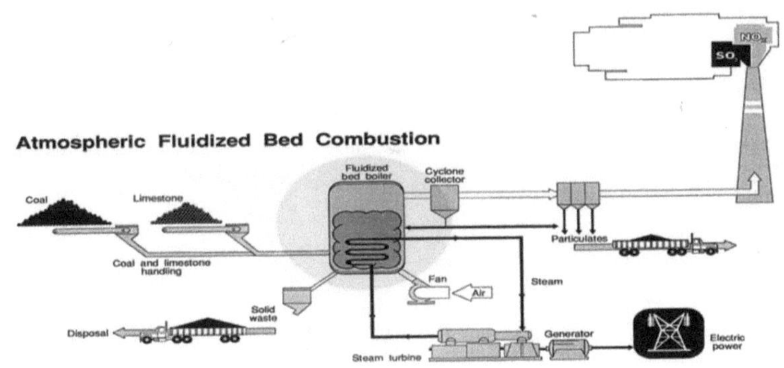

Un gasificador atmosférico de lecho fluidizado opera semejante a una caldera convencional accionando una turbina a vapor, pero con muchas menores emisiones que una caldera convencional. Su operación se basa en el principio que el Carbón puede "limpiarse" mientras se quema. Carbón triturado se alimenta al Gasificador junto con caliza ; el lecho de carbón-caliza flota dentro formando un lecho fluidizado. A medida que el carbón se quema se libera el azufre actuando la cal como una esponja que captura el azufre antes que pueda salir de la caldera. Más del 90% del azufre se captura por este principio, retirado como una masa solida junto con la caliza.

La temperatura de combustión está en el rango de 1.540°F-1.600° F casi la mitad de la temperatura alcanzada en una caldera convencional a carbón , esto conlleva una reducción drástica de la formación de NOx, .de esta manera este gasificador o caldera puede alcanzar niveles restrictivos del 90% en SO2 y > del 70% en NOX sin ningún equipo adicional .La eficiencia de generación es del orden de 35 – 36% , eficiencias que se mejoran al 40% en la versión de lecho fluidizado presurizado (6-10 presiones mayor que el lecho ,atmosférico).Con esta tecnología se puso en operación comercial (2015)una central de

Gecelca S.A de 164 MW en Puerto Libertador Córdoba con un Heat Rate real de 8600 BTU/ Kw y cumplimiento de las regulaciones ambientales nacionales de CO2, NOx, SOX.

El agua circulante por el serpentín de la "caldera" produce el vapor para la turbina de generación eléctrica. En resumen, su diseño solo permite generación eléctrica en un solo ciclo (vapor) ; pero es una magnifica alternativa para repotenciar térmicas con calderas convencionales , extendiendo la vida útil de la planta 20-25 años, con una mejor eficiencia térmica y reducción significativa de Gases de invernadero. Mejoras que justifican económicamente la repotenciación.

PROCESO DE GASIFICACION EN UN CICLO COMBINADO DE GENERACION ELECTRICA.

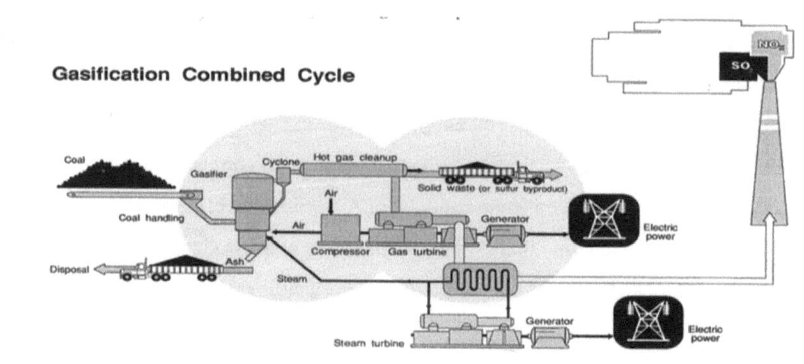

La tecnología se basa en la gasificación del carbón, es decir, en lugar de quemar el carbón, este se transforma químicamente en gas natural sintético o gas de síntesis que se alimenta a una turbina a gas convencional. Con el calor de reacción se genera vapor para una turbina a vapor conformándose así un ciclo combinado en el cual se alcanza una eficiencia energética del carbón del 80%, y una eficiencia en generación del 50%. Eliminación del material particulado a la atmosfera, ya que las cenizas junto con la escoria, son retirados del proceso y utilizados para la fabricación de ladrillos o materiales de carreteras; reducción del 95% de las emisiones de SOx promotores de la lluvia acida; reducción > 90% de las emisiones de NOx, pues la gasificación se realiza a temperaturas < 3000 °F que no favorecen su formación.

El corazón del proceso es el Gasificador, equipo que opera a presión (varía según fabricante) al **cual se** alimenta vapor, aire (oxigeno) y el carbón pulverizado. Las reacciones exotérmicas entre el carbón y el oxígeno proporcionan la energía térmica para impulsar la pirolisis y reacciones de gasificación del carbón. En contraste con la reacción de combustión que tiene lugar con exceso de O2, la gasificación consiste en una combustión incompleta con deficiencia de O2, apareciendo el CO y el H2 (gas de síntesis) o gas sintético CH4 según el proceso, como gas combustible. El agua de enfriamiento que circula por las paredes del Gasificador genera el vapor para la turbina a vapor y el gas de síntesis que se produce en el Gasificador , una vez limpio y tratado niveles mínimos de impurezas, se alimenta a la turbina de gas .

En resumen, esta unidad o proceso permite producir por separado Vapor para generación y Gas de Síntesis para Petroquímica (producción de amoniaco, metanol, diesel etc). Basado en este principio se evaluaron Gasificadores existentes en operación exitosa, que permitieran esta flexibilidad.

(REF. Clean Coal Technology . . U.S Department of enenrgy. DOE)

CAP. 5 EVALUACION Y SELECCION DE GASIFICADORES .

GASIFICADORES CONSIDERADOS ORIGINALMENTE.
(DECADA DE LOS 90´s).

Fueron analizados resultados de gasificación con Gasificadores   Kopper Totzek, Lurgi, Texaco , Winkler y Shell, operando todos con muestras de carbón # 6 de Illinois USA.(Simposio TVA – USA) Los resultados en plantas exitosas de Gasificación, indican que cuando el objetivo final es el amoníaco, el Gasificador de alta presión es el recomendado, donde se obtiene un mínimo de productos colaterales (by-products) y un máximo de conversión del carbón a singas (CO + H2.)

Teniendo en consideración estos postulados se seleccionaron y compararon los Gasificadores de **Shell y Texaco para la producción de urea & amoníaco**, cuyos resultados se presentan :

DESCRIPCION	SHELL		TEXACO	
Mat Prima	Carbón 1286 Lbs		Carbón 1263 Lbs	
Temp Gasificacion	1400 - 1700 ° C		1400 ° C	
Presion Gasificador	4.8 MPa		8.0 MPa	
Estructura Gasificador	Camisa de agua		Pared Refractario	
Composicion del gas				
de sintesis obtenido	Lbs	% Vol	Lbs	% Vol
CH4	1	0	6	0,3
H2	62	30,0	74	29,8
CO.	1739	60,3	1431	41,0
CO2	75	1,6	560	10,2
H2S	41	1,2	43	1,0
COS	8	0,1	5	0,1
N2	105	3,6	24	0,7
Ar	47	1,1	6	0,1

HCN/ NH3	3	0,1	4	0,2
H2O	27	2	385	17,1
TOTAL	2114	100	2538	100

El balance de materiales de Shell, escalado de 1286 Lbs a 1286 TM/Dia de carbón, es la base para el diseño de una térmica de 135 MW (Shell Bulletin Clean Coal Low Cost Energy), Balance que se presenta a continuación y fue la base para el desarrollo del proyecto o propuesta aquí evaluada .

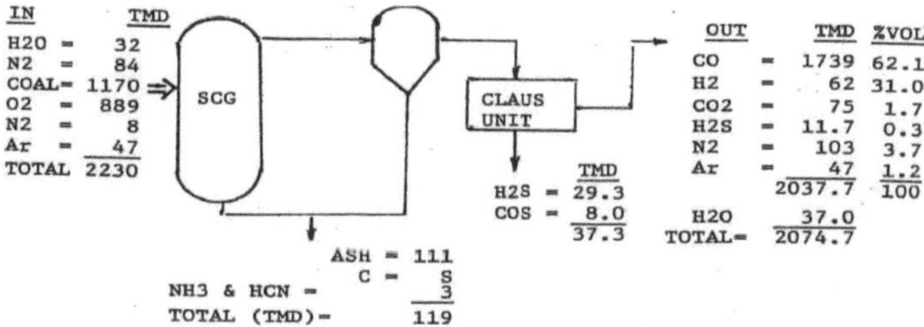

GASIFICADORES MODERNOS.

Se   analizaron   las versiones modernas de los Gasificadores Shell y Texaco para una escogencia final que permitiera su aplicación a la Producción de Energía y Fertilizantes Nitrogenados

a) Utilizando los refrigeradores de radiación y convección con lo que se facilita la máxima eficiencia

b) Sustituir el refrigerador radiante por un enfriamiento rápido con agua y eliminar el refrigerador de convección para minimizar el coste de la instalación

c) Emplear sólo el refrigerador radiante, que facilita una recuperación parcial del calor del gas sintético, y tiene un coste y una eficiencia intermedia entre los anteriores

La eficiencia de gas frío, para el proceso mostrado en la Fig XVII.9, es del 77%; si a la energía del gas combustible obtenido se añade la energía del vapor producido, la eficiencia sube al 95%.

La conversión global de C con carbones Pittsburg n° 6 y 8, es de 96,9% y 97,8%, respectivamente.

La conversión del C se define como el %C que existe en el carbón, convertido en gases o en productos líquidos (breas).

Gasificador Shell (SCGP).- Este proceso de gasificación de carbón se muestra en la Fig XVII.9

- El carbón se pulveriza, se seca y se alimenta a tolvas-esclusas para su presurización, siendo la presión de operación de 350 psi (2.410 kPa), menor que la del Texaco

- Las paredes membrana están refrigeradas por agua

- Los quemadores están dispuestos en oposición y en una configuración en el reactor similar a la del diseño Koppers-Totzek

- El gas bruto sale de la unidad entre $\begin{cases} 2500 \ a \ 3000°F \\ 1371 \ a \ 1649°C \end{cases}$ *y la mayor parte de la ceniza sale a través de la piquera de escoria en estado fundido*

- El gas sintético contiene una pequeña cantidad de $C_{inquemado}$ y una significativa fracción de ceniza fundida

- Existen 26 Plantas operativas, 8500 MW_t Syngas, y 24 en proyecto

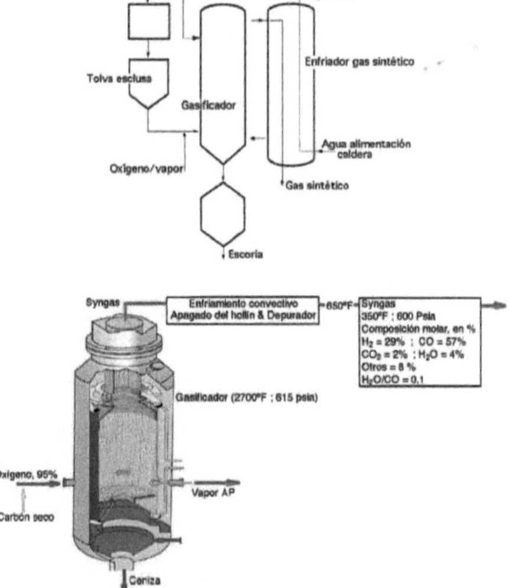

Fig XVII.9.- Proceso típico con refrigerador de gas sintético y gasificador Shell SCGP

(Ref. Cap XV11 Gasificacion del Carbon . Libros redsauce.net)

Esta configuración del Gasificador Shell permite utilizar la disposición de una térmica de ciclo combinado para la producción simultanea de energía eléctrica utilizando el vapor y la utilización del gas de síntesis para la producción de amoniaco y compuestos de azufre, como se

muestra.

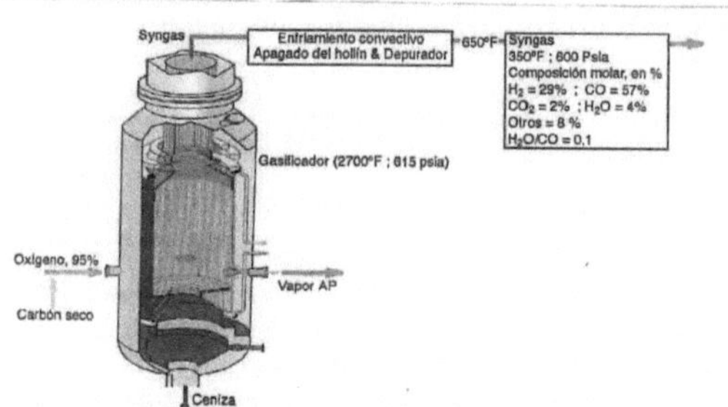

Fig XVII.9.- Proceso típico con refrigerador de gas sintético y gasificador Shell SCGP

Gasificador Shell (SCGP).- Este proceso de gasificación de carbón se muestra en la Fig XVII.9

- Existen 26 Plantas operativas, 8500 MW$_t$ Syngas, y 24 en proyecto

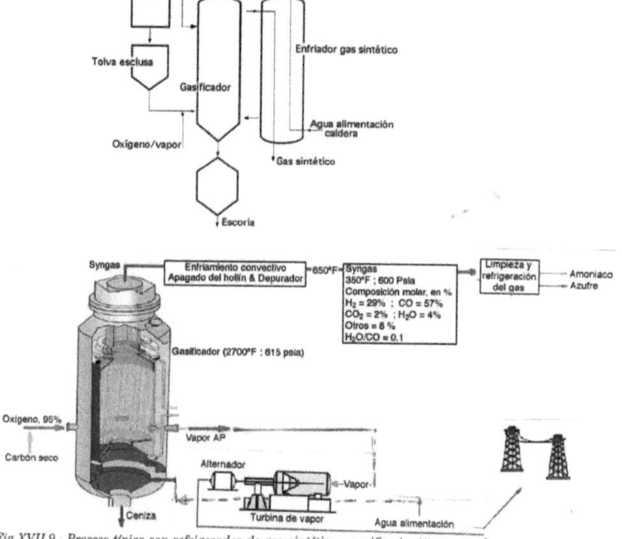

Fig XVII.9.- Proceso típico con refrigerador de gas sintético y gasificador Shell SCGP

Con esta concepción , se seleccionó el proceso de gasificación Shell aplicable a una Térmica de Ciclo Combinado , que incluye además una Planta de Separación de Aire para la producción de Oxigeno (O2) para la Gasificación y Nitrógeno (N2) para producir Amoníaco.,   mostrando como se distribuye la producción de vapor y la producción de gas de síntesis. Aproximadamente el 80% de la enenrgia eléctrica se genera en la turbina con gas de síntesis y el 20% en la turbina a vapor.(Ver Balance Energético en Sección de Anexos)

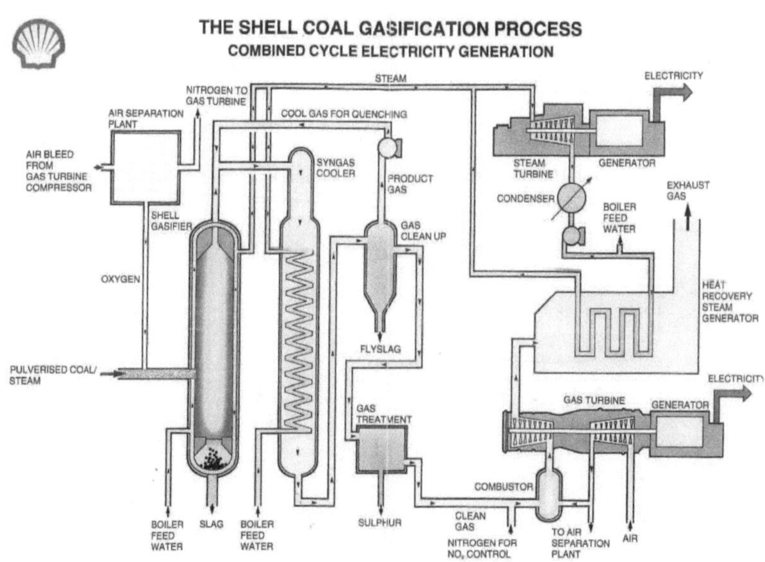

CAP- 6 CARBON ALTERNATIVA PETROQUIMICA .

Fertilizantes Nitrogenados. Entendiéndose aquí por Nitrogenados : Amoniaco, Urea y Nitrato de Amonio.

La base de estos fertilizantes es el Amoníaco, obtenido a partir de un gas de síntesis (CO, H2) proveniente del reformado de gas natural con vapor a través de un lecho de catalizador de Níquel o gasificación de carbón con vapor y Oxigeno,

Este Gas de Síntesis en la Industria Petroquímica, además de la producción de Amoniaco, pude ser utilizado para la produccio0n de Metanol, Diesel desulfurizado para transporte, (Proceso Fisher Tropsch) y mejoramiento " up-grading" de crudos pesados.

La secuencia aquí presentada, muestra su uso para la producción de Amoniaco..

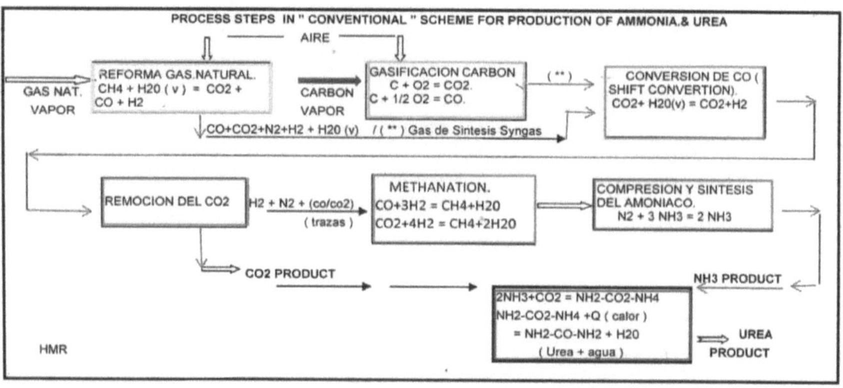

De los grandes productores de Amoniaco/Urea: Rusia, Ucrania, Venezuela y Trinidad producen el amoníaco a partir de gas natural. China el mayor productor mundial de amoníaco, basa su producción en carbón principalmente ; tiene tecnología propia HT-L Coal Gasification Technology .

1- PROCESO PRODUCCION DEAMONIACO.

Se describen los pasos del Diagrama de Bloque.

Reforma / Gasificación. Se produce aquí el Gas de Síntesis (CO + H2), que puede provenir del Reformado de Gas Natural en un horno ,Reformador , a través de en un lecho de catalizador de Níquel y vapor de agua. O de un proceso ,de Gasificación de carbón en un reactor Gasificador con adición de vapor de agua y Oxigeno . La adición de aire suministra el Nitrógeno N2 requerido al final del proceso .

Conversión de CO @ CO2 (Shif- reaction). El gas de síntesis se envía a un sistema de conversión de CO --- CO2 en un reactor convencional de dos lechos de alta y baja temperatura de catalizadores de Oxidos de :Fe2O3- CuO-Cr2O3 / ZnO - CuO y ajuste de la relación molar Vapor/ Gas de :1.38 / 0.47 respectivamente. Este proceso incrementa el contenido de H2, (" shift-reaction"): CO + H20 (v) = CO2 + H2.y convierte todo el CO a CO2 para su retiro y uso posterior.

Remoción del CO2 . El CO2 es removido por una unidad convencional (MEA, Hot Carbonate, Selexol), que garantice un retiro de CO2 > 99.2% con un contenido de H2S/CO2 < de 1.5 ppm, en caso contrario es necesario instalar una lecho de seguridad de catalizadores de Co – Mo / ZnO para su captura ; esta calidad se requiere para su uso como materia prima en la planta de Urea.

Meta nación. Trazas de CO+CO2 en el gas de síntesis deben ser eliminadas (< de 10.ppm) mediante un proceso de Metanización en un lecho de catalizador de Oxido de Níquel, pues son compuestos que dañan o " envenenan" el catalizar de Oxidos de Hierro del reactor de síntesis final para la producción del amoníaco. La Metanización los convierte en Metano (CH4) que actúa como inerte y se elimina durante la síntesis del amoniaco, junto con los gases de purga.. .

Compresión y Síntesis . El Gas saliente de Metanizacion, con una relación molar N2 / H2 de 3.024 requerida para la reacción de síntesis del amoniaco , seco y frio con trazas de Metano

,se envía al sistema de compresores   que elevan   la presión para alimentarlo al Reactor de síntesis donde se realiza la reacción : N2 + 3H2 = 2 NH3 a través de un lecho de catalizador de Óxidos de Hierro Fe2O3 y promotores de Mg y Ca. Al final se obtiene amoniaco anhidro (libre de agua) materia prima para la producción de Urea.

2- PROCESO PRODUCCION DE UREA.

Amoniaco anhidro y CO2 purificados se envían a al reactor presurizado, de una planta de Urea, donde esta se produce de acuerdo a las siguientes reacciones.

2NH3 + CO ----- NH2-CO2-NH4 (Carbamato de Amonio)

NH2-CO2-NH4 + Q (calor) ----- NH2-CO-NH2 (Urea) + H2O (agua).

Mediante un proceso final de concentración se retira el agua y se obtiene una solución concentrada de Urea que se granula para su presentación final de solido granulado. La descripción del proceso depende de la tecnología que se seleccione, pero todos utilizan amoniaco y CO2 en la relación estequiométrica de las dos reacciones anteriores. En resumen, el proceso de producción de Urea es independiente de la tecnología (Reforma o Gasificacion) que se seleccione para la producción del amoniaco.,

Adicionalmente se puede visualizar que en la producción de amoniaco, las etapas de Conversión de CO @ CO2; Purificación y Remoción del CO2 ; Matanizacion de los óxidos de Carbono; Compresión y Síntesis del Amoniaco son comunes con gas o con carbón; difieren en la producción del gas de síntesis. Con gas natural se produce en un Horno Reformador con lecho de catalizador de Níquel y con carbón en un Gasificador con vapor y Oxigeno. Como se anunció, la producción y selección de la planta de Urea es independiente del proceso seleccionado para Amoníaco.

CAP-7 PROYECTO PROPUESTO. TECNOLOGÍA SELECCIONADA.

Se evalúa un proyecto para producir Amoniaco & Urea y energía eléctrica simultáneamente en una sola planta, para lo cual se ha seleccionado un Gasificador Shell integrado a una planta de Generación de Ciclo Combinado, donde se utiliza una Unidad de Separación de aire que produce Oxigeno O2 para el Gasificador y en nuestro caso se utilizaría el Nitrógeno N2 para la planta de amoníaco. El siguiente balance como ya se indicó corresponde al diseño de una térmica de 135 MW utilizando 1286 TM de carbón Bituminoso # 6 de Illinois con un LHV de 12060 BTU/lb y una Unidad Shell de Gasificación..

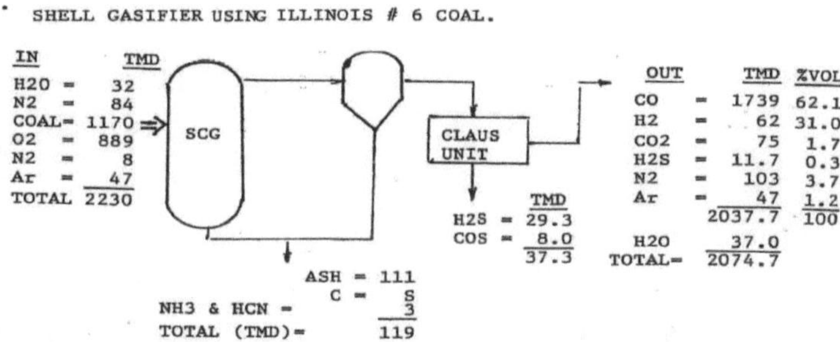

En nuestro caso el gas de síntesis desulfurizado saliente de la Unidad Claus, no se enviará a la turbina para quemarlo sino a un sistema de conversión de CO --- CO2 en una unidad convencional de dos lechos de alta y baja temperatura en lechos de catalizadores de 0xidos de :Fe2O3- CuO-Cr2O3 / ZnO - CuO y ajuste de la relación molar Vapor/ Gas de :1.38 / 0.47 respectivamente. Este proceso incrementa el contenido de H2, (" shift-reaction"): CO + H20 (v) = CO2 + H2.

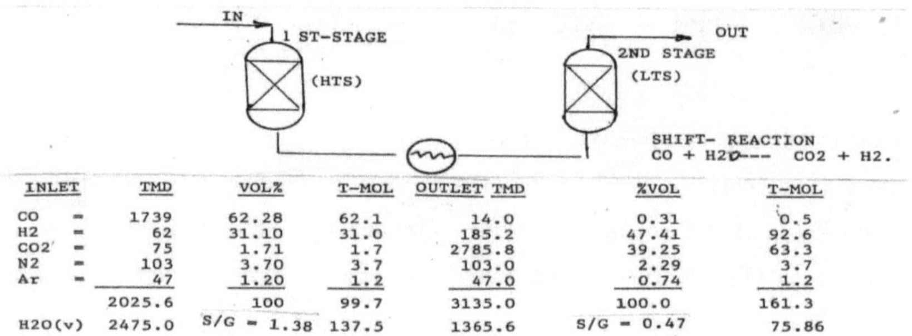

INLET		TMD	VOL%	T-MOL	OUTLET TMD	%VOL	T-MOL
CO	=	1739	62.28	62.1	14.0	0.31	0.5
H2	=	62	31.10	31.0	185.2	47.41	92.6
CO2	=	75	1.71	1.7	2785.8	39.25	63.3
N2	=	103	3.70	3.7	103.0	2.29	3.7
Ar	=	47	1.20	1.2	47.0	0.74	1.2
		2025.6	100	99.7	3135.0	100.0	161.3
H2O(v)		2475.0	S/G = 1.38	137.5	1365.6	S/G = 0.47	75.86

El CO2 es removido por una unidad convencional (MEA, Hot Carbonate, Selexol), que garantice

un retiro > 99.2% y un contenido de H2S/CO2 < de 1.5 ppm, en caso contrario es necesario instalar una lecho de seguridad de catalizadores de Co – Mo / ZnO para su captura..

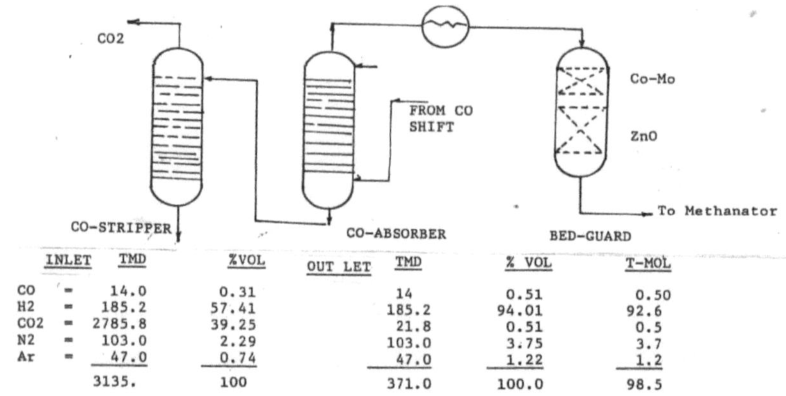

INLET		TMD	%VOL	OUT LET	TMD	% VOL	T-MOL
CO	=	14.0	0.31		14	0.51	0.50
H2	=	185.2	57.41		185.2	94.01	92.6
CO2	=	2785.8	39.25		21.8	0.51	0.5
N2	=	103.0	2.29		103.0	3.75	3.7
Ar	=	47.0	0.74		47.0	1.22	1.2
		3135.	100		371.0	100.0	98.5

Igualmente las trazas de CO+CO2 deben ser eliminadas (< de 10.ppm) mediante un proceso convencional de Metanización en un lecho de catalizador de Oxido de Níquel, pués son compuestos que dañan o " envenenan" el catalizar de Oxidos de Hierro del reactor de síntesis final para la producción del amoníaco. La Metanización los convierte en Metano (CH4) que actúa como inerte y se elimina durante la síntesis del amoniaco, junto con los gases de purga..(Diagrama-2) .

El proceso y las reacciones de Metanización , se presentan a continuación : :

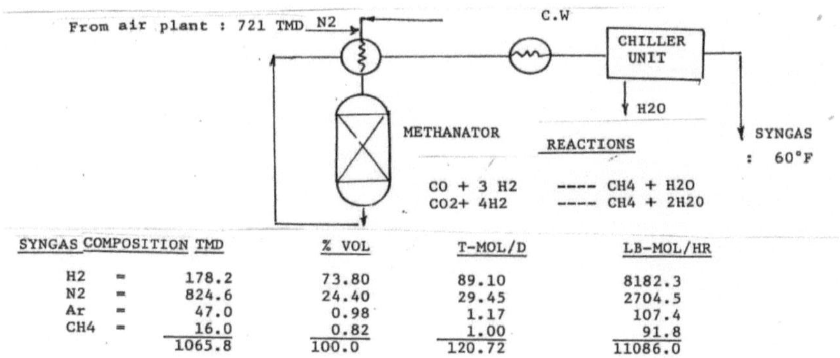

SYNGAS COMPOSITION	TMD	% VOL	T-MOL/D	LB-MOL/HR
H2 =	178.2	73.80	89.10	8182.3
N2 =	824.6	24.40	29.45	2704.5
Ar =	47.0	0.98	1.17	107.4
CH4 =	16.0	0.82	1.00	91.8
	1065.8	100.0	120.72	11086.0

En esta Unidad se adiciona el N2 (721 TMD) proveniente de la Unidad de Separación de aire del Gasificador, para alcanzar la relación estequiometria molar de N2 / H2 de 3.024 requerida para la reacción de síntesis del amoniaco ; esta gas seco y frio con trazas de Metano ,se envía al sistema de compresores que elevan la presión para alimentarlo al Reactor de síntesis donde se realiza la reacción : $N2 + 3H2 = 2 NH3$ a través de un lecho de catalizador de Óxidos de Hierro Fe2O3 y promotores de Mg y Ca.

El balance final Diagrama No.2 muestra que con estos flujos de H2/N2 se pueden producir 950 TMD de amoníaco anhidro considerando una eficiencia mínima del 95%, pues hay perdidas a través de las purgas , requeridas para retirar las trazas de Metano y Argón proveniente del aire y control de la presión de operación. Con este amoníaco se pueden producir 1500 TMD de Urea. La cadena de tecnologías sugeridas serían: Unidad de Gasificación y Generación SHELL; Planta de Amoniaco: HALDOR TOPSOE, Planta de Urea STAMICARBON o SAMPROGETTI . Configuraciones en operación en China y recién en Australia (Perdaman Industries Collie Urea Project- July 2011). Los Gases de

Purga, se envían a una unidad de recuperación de H2/CH4 utilizados para el control de NOx del gas de síntesis del Gasificador , hacia la turbina.(expander). DIAGRAMA-2

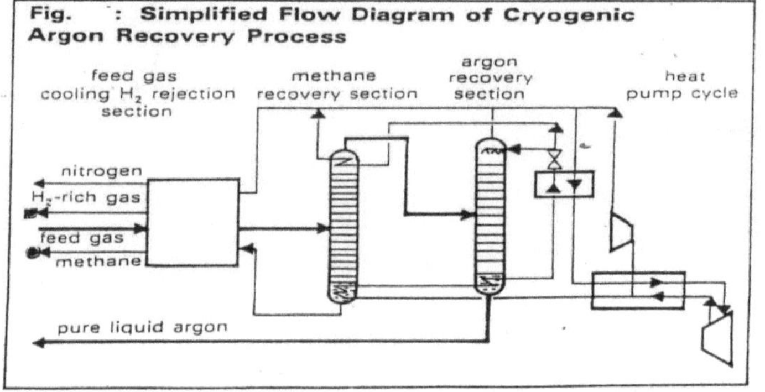

CAP. 8   DIAGRAMAS DE LOS PROCESOS SELECCIONADOS PARA LA PRODUCCION DE ENERGIA Y AMONIACO SIMULTANEAMENTE.

El Diagram-1 corresponde a una planta de generación ciclo combinado con Gasificador Shell, acoplada a una planta de producción de amoníaco proceso Haldor Topsoe. Diagrama-2

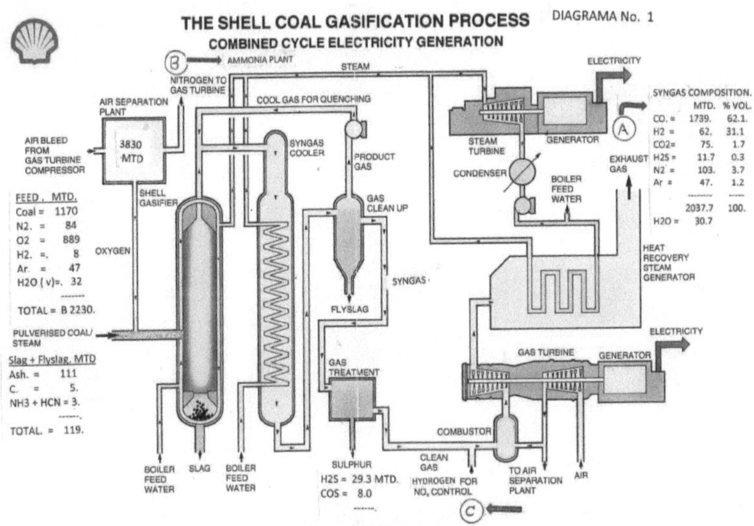

DIAGRAMA No.1 , GASIFICADOR SHELL integrado a un set de ciclo combinado para generar 135 MW, a partir de 1286 TMD de carbón con un LHV de 12060 btu/Lb. Una Unidad de Separación de aire de 3830 TMD, que produce el Oxigeno O2 (889 TMD) alimentado al Gasificador y se toman 721 TMD de Nitrógeno N2 (**B**)) para la planta de amoníaco. La unidad no emite material particulado a la atmosfera pues es retirado como cenizas por el fondo del gasificador; el calor de gasificación se utiliza para producir vapor enviado a la turbina de generación eléctrica; el gas de síntesis, al cual se le retirado los compuestos de azufre, se envía a una turbina (expander) para reducirle la presión y enviarlo sin quemar el Hidrogeno a la planta de amoníaco; con la cantidad y composición del gas de síntesis que se muestra en el Diagrama. No.1. (**A**), se producen 950 -1000 TMD de Amoniaco y 1500 -1700 TMD de

Urea. Con esta configuración la generación eléctrica original de diseño se reduce de 135 MW a 32.46 MW .Cualquier contenido de NOx en el gas de síntesis , se destruye antes de entrar al expander en el " combustor" sobre un lecho de catalizador de Palladio y utilizando como combustible CH4 (o H2) proveniente de las purgas de la planta de amoníaco, ricas en estos gases ((**C**) de acuerdo a las dos siguientes reacciones.

CH4 + 4NO2 ------ 4 NO + CO + H20 (1) / CH4 + 4NO ------ 2N2 + CO2 + 2H20 (2).

 Esto evita la adición de aire (O2) el cual quemaría el Syngas rico en H2. Estas son reacciones exotérmicas y el aumento de temperatura en el gas es proporcional al contenido de NOx.

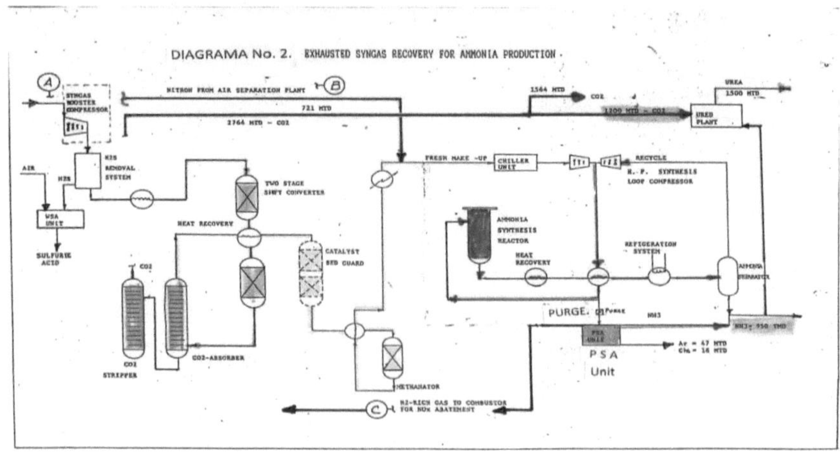

DIAGRANMA No. 2 Proceso típico de Haldor Topsoe para la producción de amoniaco ya descrito. Las materias primas Gas de Síntesis (**A**) y Nitrógeno (**B**) provienen de la Unidad de Gasificación. Las Purgas (**C**) ricas en CH4 y H2 se envían al "combustor" de la unidad de Gasificación para el control de NOx.. Diagramas y Balances de ,los Gases de Purga (**C**) provenientes de la Unidad Criogénica la Planta de Amoníaco , se presentan en la Sección de Anexo-1

CAP. 9 CONSIDERACIONES AMBIENTALES. (Ver Detalles y Cálculos Anexo-2) .

Una térmica a carbón emite el doble de CO2 que una térmica a Gas. Las cifras reales en Colombia (UPME , Boletín Enero 2014) fueron las siguientes .

Fuente de Generación. .	Energía Generada. (MW h)	Consumo. (GBTU)	Emisión. (Ton CO2/ mes)	Índice. (Ton CO2 / MWh).
Gas Natural	935.100	8.197,3	476.549	0.510
Carbón.	583.400.	5.295.2.	543.351.	0.931.

Una térmica convencional a carbón de 135 MWh , generaría 97.200 MWh / mes. y emitiría 90.493. Ton CO2 /Mes (97.200 MWh/mes *0.931 Ton de CO2/ MWh), La térmica de 135 MW , ciclo combinado de Gasificación para producir enenrgia y amoniaco , consume 1286 TMD de carbón y emite 84.180 Ton CO2/ mes , equivalentes a 2764 MTD.. De acuerdo a los balances de masa del Diagrama No.2, de este CO2 producido 1275 TMD (46.12 5%) se consumen en la producción de 1700 TMD de   Urea y 1489 TMD (53.87 %) serían expulsadas a la atmosfera y equivalen a 44.670 TM CO2 / mes. Esto representa una reducción de 45.828   TM CO2 /mes (50.64 %). con relación a las emisiones de la   térmica convencional. Se obtiene así **un índice equivalente de 0.459 Ton CO2 / MWhe , inferior al índice de 0.510 Ton CO2 / MWh , operando con gas natural la térmica de 135 MW, solo para generación eléctrica.**

CONSIDERACIONES ECONOMICAS.

El precio de una planta de gasificación de ciclo combinado como la requerida para este proyecto de generación eléctrica y producción de gas de síntesis es : 1.40 – 1.50 veces mayor que el de una unidad en base a gas (dependiendo del país de origen de los equipos), en consecuencia el **cargo financiero** en el costo de producción del KWh y la TM de Urea será más malto comparado con gas natural. Esto lo compensa la **energía proveniente del carbón , más barata** que proveniente de gas natural . El precio de exportación del carbón (Colombia)   se ha movido ligado al precio del crudo, así: año : 2011 = 102.4 US$/TM. año 2014 = 56.60 US$/ TM ; año 2015 = 46,54 US$/TM y año 2016 = 43.51US$/TM.(Agencia Nacional de Minería. ANM).

La incidencia se compara :

INCIDENCIA PRECIO DEL CARBON EN COSTO DE PRODUCCION DE 1 TM DE AMONIACO					
Precio del carbón (+ transp) US$/MT	50		Precio Carb	Costo por	US$ / MBTU
LHV BTU/lb. Carbon Antracita .	11370		US$ / TM	TM / NH3	Del carbón
Consumo unitario. TM carb. / TM -NH3	1,35		50	67,50	2,00
				60	81,00	2,39
a) Consumo energía. MBTU / TM-NH3	33,83		70	94,50	2,79
(1,35 MT x 2204 lbs / MT x 11370 btu/ lb)			80	108,00	3,19
				90	121,50	3,59
b) Energia suministrada . MBTU/ TM carb.	25,06		100	135,00	3,99
(11370 btu/lb x 2204 lb / mt)/1000000			**140**	189,00	**5,59**

Al precio actual del carbón de 50.0 US$ / TM , se obtiene una energia de 2.00 US$ / MBTU.

INCIDENCIA PRECIO GAS NATURAL EN COSTO DE PRODUCCION DE 1 TM DE AMONIACO				
Base. Consumo de gas natural en una Planta con tecnología de punta. 30.00 MBTU / TM de NH3 producida.	Precio Gas US$/ MBTU	Costo US$ TM / NH3	Precio Gas US$/ MBTU	Costo US$ TM / NH3
	5,00	150,0	8,50	255,0
Tecnologia Haldor Topsoe	5,50	165,0	9,50	285,0
	6,50	195,0	10,50	315,0
	7,50	225,0	11,50	345,0

Precio del gas natural superior a 5.50 US$ / MBTU, hace inviable un proyecto de Urea en el país.

COSTO GENERACION KW (SOLO GAS) CARBON -VS- GAS NATURAL					
Bases: Heat Rate; 8600 BTU/ Kw LHV :11370 BTU/ Lb. Carb					
US$ / M BTU	Costo	Precio carbon	US$ / MBTU	Costo	
Gas. Natural	US$ / Kw	US$/ TM	Carbon	US$ / Kw	
5,50	**0,047**	**50**	2,00	**0,017**	
6,50	0,056	60	2,39	0,021	
7,50	0,065	70	2,79	0,024	

8,50	0,073	80	3,19	0,027	
9,50	0,083	90	3,59	0,031	
10,50	0,090	100	3,99	0,034	
11,50	0,099	140	5,59	0,048	

CAP. 10 . FACTIBILIDAD TECNICO-ECONOMICA PROYECTO : GASIFICACION DE CARBON PARA GENENRACION ELECTRICA Y PRODUCCION DE NITROGENADOS

Generación Eléctrica. Hemos enunciado que la inversión para una Térmica a carbón de Ciclo Combinado es 1.4 – 1.5   mayor que una Térmica similar con gas natural, debido a las Facilidades adicionales que hay que instalar en la térmica a carbón: sistema de recibo, almacenamiento, acondicionamiento y alimentación del carbón al Gasificador; Planta de aire ; Sistema de tratamiento de desechos y eliminación de contaminantes. La térmica a gas solo requiere de una estación recibidora de gas y sistema de medición y control hacia la turbina. La siguiente tabla compara los niveles de inversión para diferentes sistemas de generación medidos como US$ dólares / MW generado, en América Latina. (Fuente: ESMAR Banco Mundial 2007).

FUENTE DE GENERACION	Capacidad	Inversion
	(MW)	US$ / KW
Hidroelectrica	300	2000
Gas. Ciclo Combinado	300	650
Carbón. Turbina a vapor	300	1020
Liquidos. Turbina a vapor	300	880

Igualmente se comparan a nivel Colombia , los costos de generación medidos como $ pesos / Kw generado , según el sistema de generación instalado. (Fuente : Revista Dinero 8 / 19 / 2015)

GENERACION	COSTO	Anotaciones del autor
FUENTE	$ / Kw	T.R = 3000 $ / US$
Líquidos	480 - 1060	
Gas natural (*)	140 - 235	(*) Gas a : 5.50 -9.0 US$ / MBTU
Carbón (**)	140	(**) Carbón a : 137 US$ M/ TM
Hidroelectrica	40	

Producción de Nitrogenados. En un complejo de Urea & Amoníaco la relación de costo se reduce a 1.30 - 1.25 veces mayor con gasificación de carbón comparado con reformado del gas. El sistema de gasificación requiere las mismas facilidades descritas en la térmica de ciclo combinado; pero en la planta de amoníaco se eliminan : el sistema de recepción , suministro y desculturización del gas y el sistema de reformadores primarios y secundario del gas con vapor. El costo de la Planta de Urea es el mismo en ambos sistemas. La tabla siguiente resume una distribución de las inversiones considerando que para producir 1 TM de Urea se requieren : 0.58 TM de Amoníaco.

PROCESO	Carbón	Gas Natural
Manejo & Gasif. Carbón	30%	0%
Planta de Amoníaco	32%	57%
Planta de Urea	38%	43%

(FUENTE . Proyecto Refineria Sebastopol S.A – Colombia)

Niveles de Inversión en la producción de Nitrogenados.

La propuesta aquí presentada contempla la integración a un complejo de Urea & Amoníaco de una térmica a carbón de ciclo combinado para producir: 1500 TMD de Urea (495.000 TMA) ; 950 TMD de amoníaco (313.500 TMA) y generar 32.46 MW con un consumo de carbón de 1286 TMD. Para esta propuesta o proyecto , obviamente no se tienen cotizaciones o estimados de inversión aún

Para el complejo farmoquímico que el grupo Refinería de Sebastopol S.A evalúa para la producción **de Urea en Colombia** a partir de carbón, hay un estimado " Budgetary Prices " de la República China para los siguientes niveles de producción : 900 TMD de Urea (300.000 TMA) ; 545 TMD de amoníaco (185.000 TMA) , generación de 1 x 12 MW, con un consumo de carbón de 740 TMD. La propuesta especifica los Equipos & Materiales provenientes de China y cuales Servicios y Equipos & Materiales sería de adquisición nacional.

Esta inversión se resume así :

DISTRIBUCION INVERSION FIJA DE CAPITAL - RESUMEN	
CONCEPTO	US$
PRECIO FOB CHINA EQUIPOS & MATERIALES	174.972.500
EMBALAJE, TRANSPORTE Y SEGUROS	15.062.850
ADQUISICION Y ACONDICIONAMIENTO TERRENO	2.360.000
PERMISOS CONSTRUCION . Y ESTUDIOS ESPECIALES	450,000
TRANSPORT EQUIPOS & MAT. IMPORTADOS AL SITIO	1.347.575
GASTOS DE ADUANA , NACIONALIZACION	6.162.075
EQUIPOS Y MATERIALES NACIONALES	6.862.100
OBRAS CIVILES MAYORES.	25.700.000

ACONDICIONAMIENTO Y MONTAJE DE EQUIPOS	74.970.000
MUEBLES, EQUIPOS DE OFICINA , COMPUTO, TELF Y OTROS	1.245.000
INGENIERIA Y ASISTENCIA TECNICA (Externa)	5.850.000
Administración Proyecto (Personal Propio), Capital de Trabajo	10.923.500
TOTAL INVERSION DE CAPITAL US$	325.906.643

	US$
INTERESES PRE-OPERACIONALES US$	30.644.000

NOTA. Con este nivel de inversión se efectuará una Evaluación Económica de esta alternativa, la cual ya está evaluada técnicamente a un nivel de Ingeniería Básica. La finalidad es demostrar que el costo de producción de Urea a partir de carbón, es igual o inferior al costo de producción a partir de gas; que garantiza una estabilidad relativa de precios, dado que el carbón es un recurso abundante y de menor precio energético medido como US$ / MBTU.

CAP. 11 EVALUACION ECONOMICA.

MERCADO Y COMERCIALIZACION DE UREA EN EL PAIS.

Se presenta y resume el precio de la Urea Importada y una liquidación del precio puesta en puerto colombiano, según el país de origen.

COSTO DE IMPORTACION- PRECIO DE VENTA DE LA UREA. La variación estadística de precios de la Urea a nivel mundial se resume en la siguiente Tabla.

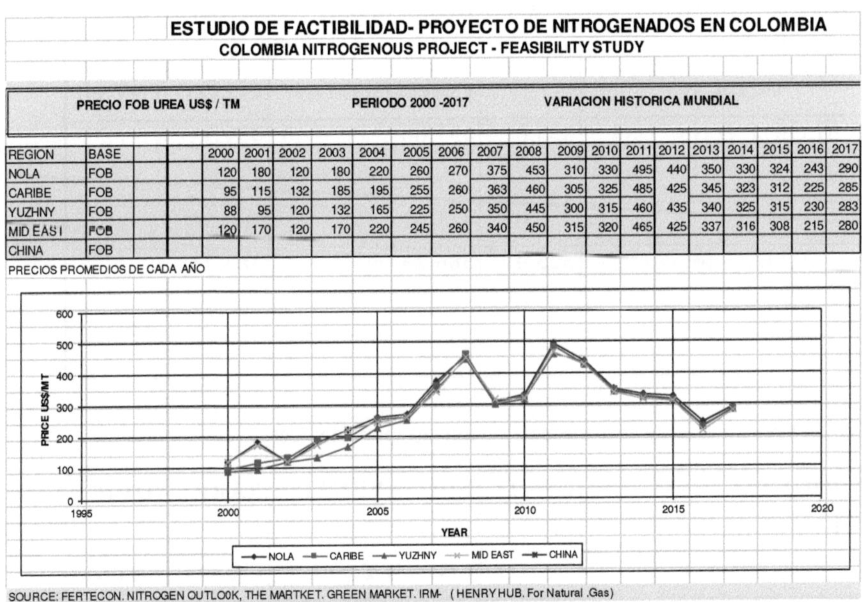

ESTUDIO DE FACTIBILIDAD- PROYECTO DE NITROGENADOS EN COLOMBIA
COLOMBIA NITROGENOUS PROJECT - FEASIBILITY STUDY

| PRECIO FOB UREA US$ / TM | | | PERIODO 2000 -2017 | | | VARIACION HISTORICA MUNDIAL | |

REGION	BASE			2000	2001	2002	2003	2004	2005	2006	2007	2008	2009	2010	2011	2012	2013	2014	2015	2016	2017
NOLA	FOB			120	180	120	180	220	260	270	375	453	310	330	495	440	350	330	324	243	290
CARIBE	FOB			95	115	132	185	195	255	260	363	460	305	325	485	425	345	323	312	225	285
YUZHNY	FOB			88	95	120	132	165	225	250	350	445	300	315	460	435	340	325	315	230	283
MID EAST	FOB			120	170	120	170	220	245	260	340	450	315	320	465	425	337	316	308	215	280
CHINA	FOB																				

PRECIOS PROMEDIOS DE CADA AÑO

SOURCE: FERTECON. NITROGEN OUTLOOK, THE MARTKET. GREEN MARKET. IRM- (HENRY HUB. For Natural .Gas)

La Urea se importa principalmente vía Buenaventura en la Costa Pacífica y vía Cartagena, Santa Marta y Barranquilla en la Costa Atlántica ; su precio al consumidor final depende de:

- Su valor F.O.B en el país de origen y devaluación del peso.

- Costo del transporte del país de origen a un puerto colombiano.

- Gastos de puerto, demoras, mermas, manejo, almacenaje, empaque.

- Costo del transporte del puerto colombiano al centro de consumo.

- Costos Financieros y margen de ganancia del Importador.

La Urea de producción nacional tendrá que competir con Urea de China, Rusia, Ucrania que la ofrecen a mejores precios. Una liquidación típica de esta Urea en puerto colombiano es :

ORIGEN:RUSIA, CHINA. UCRANIA	US$/TM	BUENAVENTURA. COSTO TOTAL	BARRANQUILLA COSTO TOTAL
VALOR F.O.B :US$ / TM	375.0	437.00	459.33
" "	350.0	411.61	408.55
	325.0	**386.25**	**383.21**
	300.0	360.88	357.83
	280.0	340.56	337.50

Para la Urea procedente de Venezuela y Trinidad , es el siguiente:

ORIGEN: VENEZUELA. TRINIDAD	US$/TM	BUENAVENTURA. COSTO TOTAL	BARRANQUILLA COSTO TOTAL
VALOR F.O.B	380.00	432.94	429.88
" "	360.0	412.64	408.58
	350.0	**402.49**	**399.45**
	325.0	377.12	374.07
	300.0	351.74	348.70

BASES EVALUACION ECONOMICA. Considerando los niveles de producción e inversión del proyecto "Sebastopol Refinería S.A " se hace la Evaluación Económica con las siguientes Bases.

BASES.

- Producción de Amoníaco : 180.000 TM /Año. Producción de Urea: 300.000 TM/ Año.
- Inversión Fija DE Capital = US$: 325.906.643 .
- Relación Capital Prestado / ,Propio. = 85 % / 15 %.
- Intereses Pre Operacionales. (36 meses 6% anual oferta China). = US$: 30.644.000.
- Préstamo a 10 años, incluidos 3 años de gracia. Pagos ,semestre Vencido.
- Vida Económica del Proyecto : 20 años, incluyendo 3 años de construcción.
- Depreciación Lineal @ 17 años. .
- Consumo de carbón (LHV. 11070 BTU/ Lb). = 1.36 TM/ TM NH3.
- Precio carbón (ofertas productores nacionales). = 50 US$ / TM.
- Costo Total de Producción de Urea. = 248.60 US$ / TM
- Precio de venta Urea en planta Magd. Medio . = 325 – 400 US$/ TM.
- Tasa Atractiva de Retorno Mínima Fijada. (en dolares) = 16 %.
- Empleos Generados de Mano de Obra Calificada. = 282 puestos.
- Mano de Obra Indirecta estimada. 1.5 puesto / cada puesto fijo.
- Capacidad de Generación : 2 x 12 MW.
- Tasa Representativa utilizada : 3000 $ / US$. Inflación 4.5% anual durante la vida del proyecto.

Para la evaluación Económica se utilizó un software creado específicamente para evaluar un complejo de Urea & amoníaco instalado en Colombia, considerando como modelos los complejos de Abonos Colombianos Abocol S.A y Fertilizantes Colombianos Ferticol S.A en sus estructuras de costos, personal, mantenimiento, suministros etc. Este software ,además de cuantificar el Flujo de Caja, permite elaborar el Presupuesto Anual de Operaciones. Los resultados se resumen a continuación : .

RESULTADOS ECONOMICOS. (Con sensibilización del precio de venta de la Urea en Planta. Un Valor Presente Neto V:P:N descontado al 10% EN Millones de US$)

Precio del Carbón constante a 50.0 US$ / TM en Planta

- Urea a 325 US$ / TM. Tasa Interna de Retorno .(TIR) = 12.18.00 % VPN. =M US$ 25.41.
- Urea a 360 US$ / TM. Tasa Interna de Retorno. (TIR) = 15.66 % . VPN = US$ 66.13
- Urea a 375. US$ / TM. Tasa Interna de Retorno (TIR) = 17.06 %A . VPN = US$ 83.58.
- Urea a 400 I US$ / TM . Tasa Interna de Retorno (TIR) = 19.46 % . VPN =US$ 112.67

CRITERIOS DECISORIOS . El proyecto es económicamente atractivo para Inversionista al analizar los siguientes criterios decisorios:

- Tasa Interna Retorno TIR. En el rango de precio de venta de la Urea de 360 – 400 US$ /TM , es igual o superior al 16% fijado como Tasa Interna Mínima atractiva para el inversionista.
- Valor Presente Neto. VPN: En base a este criterio, el proyecto es económicamente factible Con Urea vendida en el rango de 325 – 400 US$ /TM. El VPN es positivo y significativamente atractivo.
- Recuperación de la Inversión: (Pay- Back Period): Para Urea a 325/360/375/400 US$ / TM varia así : 8.07 años/ 6.92 años / 6.52 años / 5.85 años respte.. Todos muy razonables.

Venta de Energía

Los resultados económicos enunciados en la venta de la Urea, no consideran los beneficios adicionales por la venta del energía al proyecto. En el complejo se genera energías eléctrica a partir de calor residual recuperado en la planta de amoníaco prácticamente a cero costos (inversión, depreciación, vapor, personal etc, están incluido en el Presupuesto de Operaciones

) .Considerado como un negocio independiente, las ventas de energía Electrica al Complejo son.

Producción anual de amoniaco : 180.000 TMA, equivalentes a 15000 TM/ Mes.

Consumo de energía : 303 KW / TM amoniaco. Precio de venta 240 $ / Kw.

Ventas anuales Plta Amoniaco.(180.000 TM/A x 303 Kw / TM x240 $/Kw)/ 3000 $/US$ = **US$ 4.363.200**

Producción anual de Urea. 200.000 TM/ Año.

Consumo de energía: 110 Kw / TM Urea. Precio de venta: 240 $ / Kw.

Ventas anuales a Plta Urea: (200.000 TM/ A x 110 Kw/ TM x 240 $ / Kw) / 3000 $ / US$ = **US$ 1.760.000**

CAP. 12 LECCIONES APRENDIDAS.

Se presentan algunos ejemplos de Generación Eléctrica y Producción de Fertilizantes Nitrogenados a nivel mundial con CCT del carbón.

GENERACIÓN ELECTRICA A NIVEL MUNDIAL .

COLOMBIA SUR-AMERICA.. CENTRAL GECELCA III CAPACIDAD 164 MW CON TECNOLOGIA CHINA DE LECHO FLUIDIZADO DE CARBON, CALIZA Y ARENA. CUMPLIENDO VALORES DE EMISION DE LA LEGISLACION NACIONAL (CO2 / SOX / NOX) Y MATERIAL PARTICULADO . ENTRÓ EN FUNCIONAMIENTO EXITOSO EN SEP DE 2015 APORTANDO EL 4% DE LA ENERGIA TERMICA DEL PAIS. ESTE PROYECTO GENERA UNA CURVA DE APRENDIZAJE QUE PUEDE SER LA BASE PARA REPOTENCIAR Y ACTUALIZAR AMBIENTALMENTE LAS TÉRMICAS CONVENCIONALES A CARBON QUE ACTUALMENTE OPERAN EN ESE PAÍS, CUMPLIENDO ASI EL COMPROMISO DEL COP-21 - PARIS.-2015

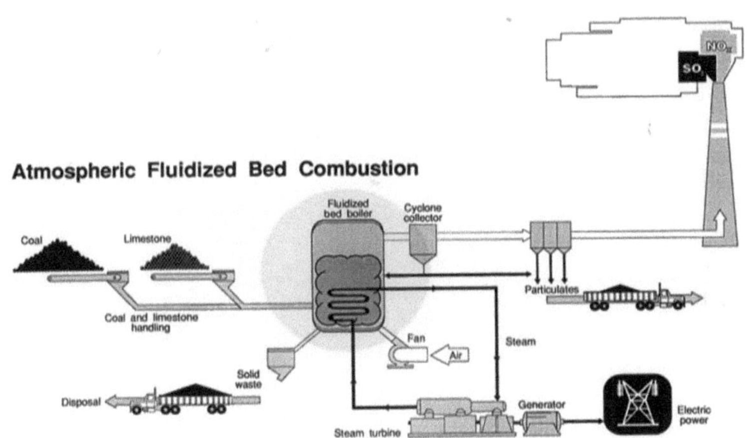

GENERACION ELECTRICA EN JAPON (2015). Este país genera el 30% de su electricidad a partir de carbón, en Térmicas con Tecnologías Limpias (CCT), a lo largo y ancho del país. Otras fuentes de energías limpias (solar, eólica y geotérmica representan sólo el 2.5% de la capacidad de generación instalada.

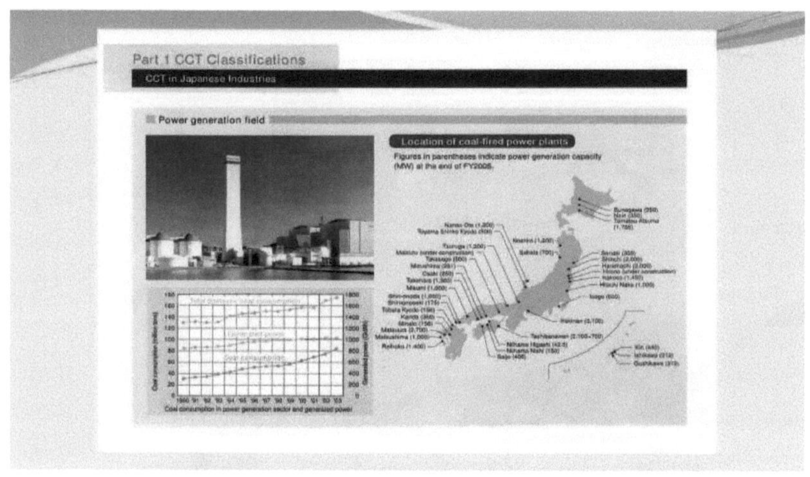

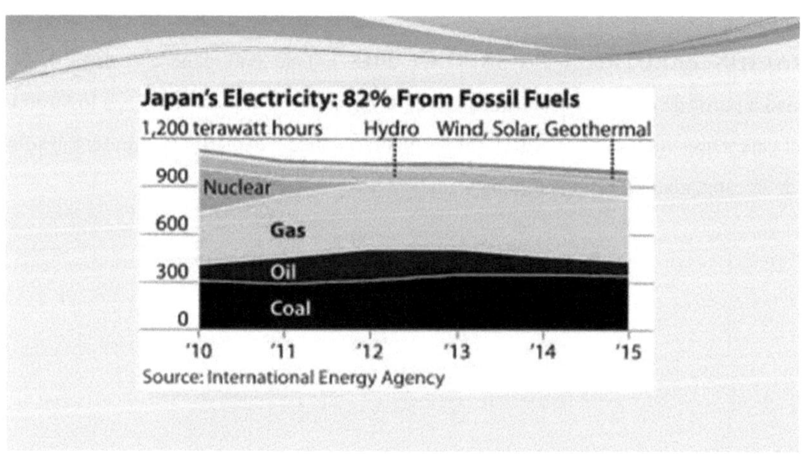

PRODUCCION DE UREA (NITROGENADO) A NIVEL MUNDIAL.

CHINA. (INTEGER FOCUS REPORT. The Chinese Urea Industry 2013) .La producción de Urea está localizada a lo ancho y largo del país próximas a las zonas agrícolas y minas de carbón. El 69% de la Urea es producida con carbón como materia prima; el 29 % con Gas Natural y el 2% de otras fuentes. Circunstancias de localización y consumo muy parecidas a Colombia, como se muestra.

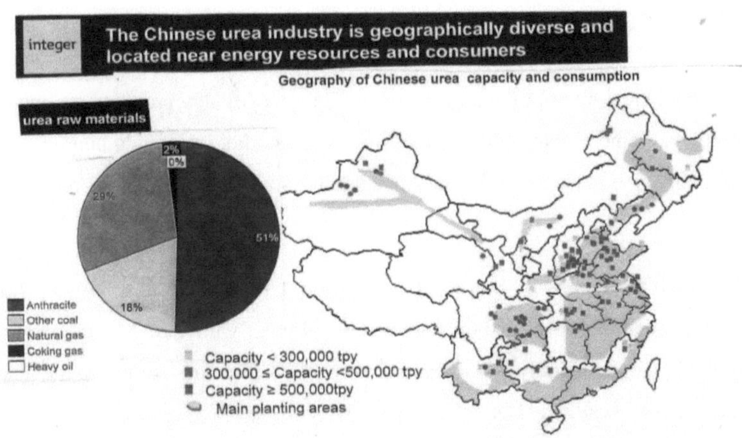

AUSTRALIA. PARDAMAN Industries, seleccionó Tecnología de Gasificación del Carbón en el "Collie Urea Project" para la producción de 6.200 TMD de Urea (2.0 Millones de Ton / año) , 3.500 TMD de Amoniaco (1.16 Millones de Ton / año). Inversión de 3.500 MUS$ (millones de US$). Tecnologías de los procesos seleccionadas. Planta de Gasificación Shell ; Planta de Amoniaco Haldor Topsoe ; Planta de Urea Stamicarbon .

VIETNAM. Hanichenco. Puso en operación exitosa en Mayo del 2015 un complejo para la producción de Fertilizantes Nitrogenados / Caprolactama a partir de GASOIFICACION DE CARBON , tecnología Shell (Ref. SHELL GLOBAL SOLUTIONS).

PROCESOS INTEGRADOS PARA GENERACION ELECTRICA, PRODUCCION DE NITROGENADOS Y OTROS EN UN SOLO COMPLEJO .

Los ejemplos presentados corresponden a complejos independientes para la producción de Nitrogenados o para Generación Electrica.

Los ejemplos siguientes muestran como es posible integrar los dos procesos en una sola unidad o complejo, como el que se ha propuesto en este estudio, integrando una unidad de Gasificación Shell con una planta de Amoniac Haldor Topsoe.

ESTADOS UNIDOS. U.S.A. " Dakota Gasification Company asubsidiary of Basin Electric Power Generation , owns and operate the Great Plain Synfuel Plant near to Beaulah N.D This synfuel plant is the only commercial scale coal gasification facility in the United State that manufacture Synthetic Natural Gas (SNG)".

Este Complejo, basado en Gasificación de Carbón , produce ; 185.000 Galones /día de Diesel Desulfurizado para transporte. 153 MSCFD (millones) de Gas Natural Sintético . Captura 3.0 Millones de Ton / mes de CO2 , el cual envía a un campo de Canadá para recuperación (recobro) de crudo.

En Julio de 2014.adicionó al complejo facilidades para producir 1000 TMD de Amoníaco ; 1150 TMD de Urea y una planta de Sulfato de Amonio. Proyecto previsto para entrar en operación en la Primavera del 2018. Parte del Gas de Síntesis para la producción de combustible sintético, se utiliza pata la producción del amoniaco (Ver Diagrama de Flujo).

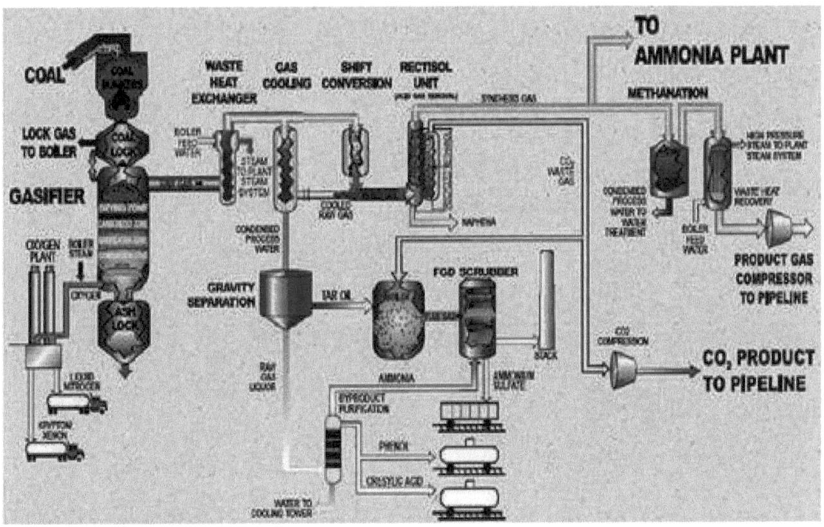

PROYECTO EXPERIMENTAL EN ORLADO FLA. Está concebido para producir simultáneamente Amoniaco, Compuestos de Azufre y Generación Eléctrico en un Condado turístico con altas exigencias ambientales.

Fig XVII.13.- Otros tipos de gasificadores

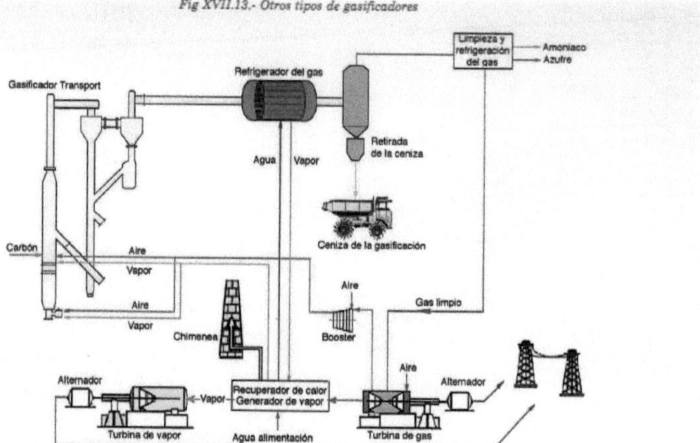

Fig XVII.14.- Proyecto experimental de Orlando, gasificador Transport KBR; 3300 Tons/día carbón subbituminoso; 285 MW

CONCLUSIONES.

- EN EL MUNDO EXISTEN Y SE CONTINUAN CONSTRUYENDO PLANTAS DE GENERACION ELECTIRA; UREA & AMONIACO CUMPLIENDO ESTANDARES MUNDIALES DE EMISION, UTILIZANDO TECNOLOGIAS LIMPIAS DEL CARBON . " CLEAN COAL TECHNOLOGIES - CCT " TECNOLOGIAS QUE ROMPÍERON EL MITO DEL CARBON SUCIO Y CONTAMINANTE.

- ALEMANIA GENERA EL 45.8% DE SU ENERGIA ELECTRICA CON CARBON, LOS ESTADOS UNIDOS EL 39.3% Y JAPON EL 30%. PAISES CON RESTRICCIONES AMBIENTALES MUY MARCADAS

- LA GENERACION ELECTRICA Y LA PRODUCCION DE LOS FERILIZANTES, SE DEBEN REALIZAR EN EL MISMO SITIO SIMULTANEAMENTE YA QUE CON ESTO SE CONSIGUE QUE LAS EMISIONES DE NOx, SOx SEAN UN 90% INFERIORES A LA DE UNA TERMICA CON GAS . LA PLANTA DE UREA CONSUME EL 48%-50% DEL CO2 PRODUCIDO EN LA TERMICA DE CICLO COMBINADO, POR LO TANTO LA EMISION DE C02 SERÁ UN 50% INFERIOR ALCANZANDO NIVELES IGUALES O INFERIORES A LOS DE UNA TERMICA CON GAS NATURAL

- GENERAR CON CARBON EN LAS TERMICAS ACTUALES A GAS, LIBERA ESTE ESTE GAS PARA USOS MAS NOBLES Y AMIGABLES CON EL AMBIENTE: GAS DOMICILIARIO Y GNV VEHICULAR

- REPOTENCIAR CON TECNOLOGIAS LIMPIAS DE GASIFICACION A LAS ACTUALES TERMICAS A CARBON ELIMINA O REDUCED LAS EMISIONES DE NOx / SOx, LLEVANDO LAS EMISIONES DE CO2 A NIVELES DE CUMPLIMIENTO DE LAS NORMAS NACIONALES, EQUIVALENTES A LAS EMISIONES DE UNA TERMICA A GAS .

TECNOLOGIA LIMPIA PARA LA PRODUCCION DE FERTILIZANTES NITROGENADOS Y GENERACION ELECTRICA.   RELACION DE ANEXOS.

NEXOA -1 BALANCE DE CALOR Y GENERACION ELECTRICA.

1-Consideraciones Generales. Se evalúa el contenido neto de calor del Gas de Sintesis proveniente del Gasificador , basado en la composición , resumido como sigue:

1.1 Composicion del Gas

	% VOL.	B T U / S C F	
CO	62.1	(0.621)(320.7) =	199.15
H2	31.0	(0.31)(323.5) =	100.28
CO2	1.70	(0.017)(0.00) =	0.00
H2S	0.30	(0.0030)(636.6)=	1.70
N2	3.7	(0.037)(0.000) =	0.00
Ar	1.2	(0.012)(0.00) =	0.00
Gas Heat content (BTU/SCF		=	301.33

1.2 Contenido de Calor del Gas.

	TMH	L B – H R	M O L – H R		S C F H
CO	72.45	159.698	5701 x 379.5	=	2'163.530
H2	2.58	5.694	2819 x 379.5	=	1'069.810
CO2	3.12	6.887	156.5 x 379.5	=	59.392
H2S	0.49	1.074	31.5 x 379.5	=	11.954
N2	4.29	9.459	337.8 x 379.5	=	128.195
Ar	1.96	4.316	109.0 x 379.5	=	41.365
	84.89	187.128	9154.8		3'474.246

$$Q = 301.33 \ \frac{BTU}{SCF} \times 3'474.246 \ SCFH$$

$$Qt = 1046.89 \ MMBTU/He$$

Este es el máximo contenido de calor teórico que se obtendría al quemar 1286 TMD de carbón (1170 TMD base 100%) para generar 135 MW de energía eléctrica.

Como ya hemos enunciado, este gas de síntesis NO se quemaría en la turbina, sino que utilizaría para la producción de amoniaco & urea. El gas se envía aun expander para reducir su presión de 600 psig a un estimado de 250 psig, liberando calor sensible a recuperar en la turbina de generación de vapor. Adicionalmente a esta corriente de gas se le adicionaría el calor resultante del abatimiento o control de los oxidos nitrosos NOx contenidos en el gas utilizando los gases de las purgas de la planta de amoniaco ricos en H2 / CH4, como se muestra en la disposición de las figura 1 y 2 anexas.

Ilustración 1

Como ya hemos enunciado, este gas de síntesis NO se quemaría en la turbina, sino que utilizaría para la producción de amoniaco & urea. El gas se envía aun expander para reducir su presión de 600 psig a un estimado de 250 psig, liberando calor sensible a recuperar en la turbina de generación de vapor. Adicionalmente a esta corriente de gas se le adicionaría el calor resultante del abatimiento o control de los oxidos nitrosos NOx contenidos en el gas utilizando los gases de las purgas de la planta de amoniaco ricos en H2 / CH4, como se muestra en la disposición de las figura 1 y 2 anexas.

2- Abatimento de NOX- Utilizacion gas de purga rico en CH4.

Este proceso suministra calor y aumento de temperatura en los gases al expander, al destruir (abatement) el NOx con gas combustible (CH4) en un reactor con lecho de catalizador a base de Paladio. Las reacciones en el reactor (abator) son exotérmicas y al utilizar CH4 como combustible son:

$$CH_4 + 4\,NO_2. \quad \text{-----} \quad 4NO + CO_2 + H_2O. \qquad (\,1\,)$$

$$CH_4 + 2\,O_2. \quad \text{-----} \quad CO_2 + H_2O. \qquad (\,2\,)$$

$$CH_4 + 4NO. \quad \text{-----} \quad 2N_2 + CO_2. + 2H_2O. \qquad (\,3\,)$$

Dado que las reacciones ocurren aproximadamente en la secuencia mostrada, todo el Oxigeno (si lo hay) debe ser consumido (reacción 2) antes que cualquier oxido nitroso sea reducido a N2. El aumento de la temperatura de los gases salientes del reactor es proporcional al contenido de NOx y oxigeno. Para la mayoría de catalizadores de uso y dominio público la máxima temperatura de operación es de 1500°F.

3- Combustion con Oxigeno gas de purga rico en H2.

El Hidrogeno H2 se quema con Oxigeno proveniente de la planta de aire en el reactor de H2 (combustor) . Oxigeno en vez de aire debe ser utilizado para evitar la formación térmica de NOx (NOx se forma cuando Nitrogeno molecular es tomado del aire "pulled" y recombinado con Oxigeno). El Oxigeno debe ser agregado a la entrada del reactor (combustor) con el fin de evitar combustión del H2 producido en el Gasificador. Dependiendo del contenido de NOx en los gases provenientes del gasificador, una parte del CH4 puede ser desviada (by-passed) para potenciar el nivel de calentamiento del gas de síntesis (Ver Fig 1 y 2) .

4- Balance de Calor Gases de Purga.

Este balance cubre solamente el calor liberado por la combustión del H2 y CH4 recuperados de las purgas de la planta de amoníaco, pués se desconoce el contenido de NOx en el gas de síntesis.

```
              TMH      L B - HR      MOL-HR       SCFH
H2            0.33      727.32       363.66       138.009
CH4           0.34      749.36        46.83        17.734
Heat Content
H2  = 138.609 x 323.5 BTU/SCF = 44,84 x 10^6 BTUH
CH4= 17.734 x 1007.0 BTU/SCF   17.86 x 10^6 BTUH
```

Total Calor recuperable : 44.84 + 17.86 = 62.70 MMBTU (Millones).

5- Balance Global de Calor y Generación Eléctrica.

Bases : Carbón 100% 1170 TMD (48.75 TMH) . L.H.V = 12060 Btu / Lb

- Contenido Total de calor (48.75 TMH x 12060 x 2204 lbs).   =1295.79 MMBTU.
- (-) Calor contenido en los gases de síntesis.   = - 1046.89 MMBTU.
- Calor disponible para Generacion de Vapor.   =   248.90 MMBTU.
- Heat Rate asumido (Ef = 37 %).   = 9.300. BTU / Kw.
- Capacidad Ciclo Combinado de Generación .   = 135 MW.

5.1   Producciones.

- Turbina de Gas : 1046.890.000 BTU / 9.600 BTU / Kw = 109.066 Kw (109.07 MW).
- Turbina a Vapor : 248.900.000 BTU / 9.600 BTU / Kw   = 25.927 Kw (25.93 MW).

Planta de ciclo combinado. Distribución de generación.   MW.   %

	MW.	%
Turbina de Gas.	109.07.	80.79
Turbina de Vapor.	25.93	19.21
Total.	----------	--------
	135.0	100.0

5.2   Incremento de Generación en la Turbina de Vapor.

Calor Adicional del Reactor NOx = 62.700.000 BTU / 9.600 BTU / Kw = 6.531 Kw (6.53 MW).

Total Capacidad de Generación .   25.93 MW + 6.53 MW = **32.46 MW** .

La gasificación de 1170 TMD de carbón y utilizar todo el gas de síntesis para la producción de amoníaco la capacidad de diseño de Generación de 135.0 se reduce a 32.46 MW potenciada con la recuperación de los gases de purga de la planta de amoníaco.

5.3   Generacion Electrica Anual. 32.46 MWh x 24 hr / dia x 335 dias / año: = **260.978 MW / año** .

5.4   Disponibilidad de energía para otros usos.

Consumo de energía en el complejo de Urea & Amonico ;   Facilidades y Servicos relacionados.

124.73 Millones KW / año, para un total de 8.000 hrs laboradas al año : = 15.59 MW.

Capacidad de Generacion.   = 32.46 MW

Consumo en el complejo de Urea y Otros.   = 15.59 MW.

Energía disponible para Ventas u otros usos.   **= 16.87 MW**

6.0 Diagrama Utilización de los Gases de Purga de la Unidad Criogénica de la Planta de Amoniaco en la turbina (expander) de la Unidad de Gasificación.

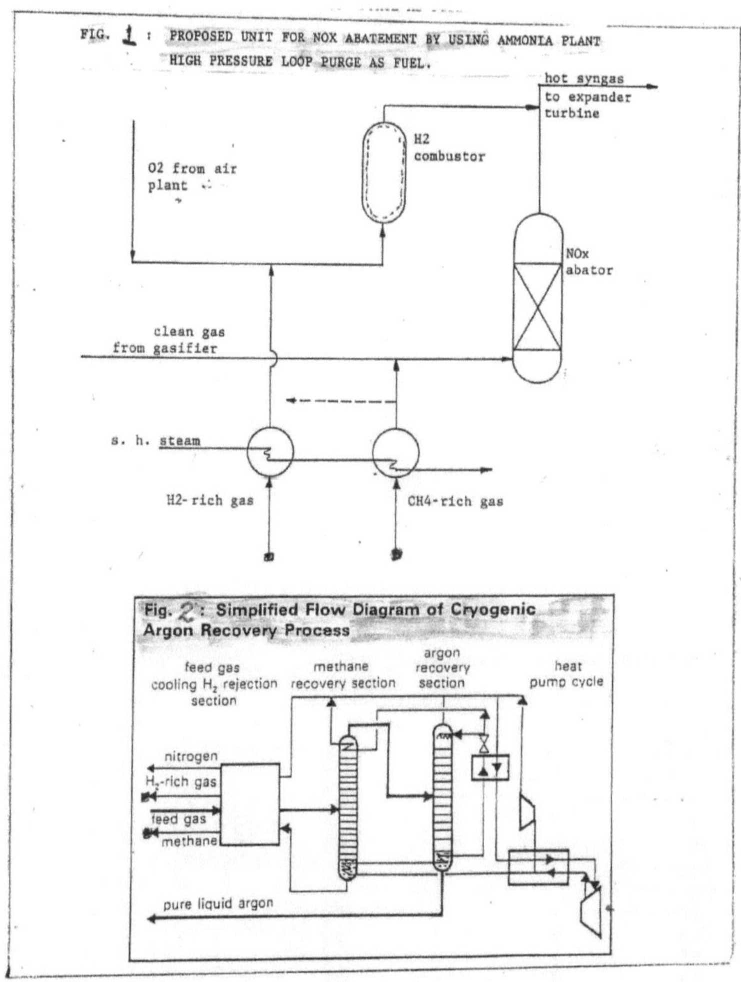

TECNOLOGIA LIMPIA PARA LA PRODUCCION DE FERTILIZANTES NITROGENADOS Y ENERACION ELECTRICA

ANEXO. 2 CONSIDERACIONES AMBIENTALES- BALACES DE MASA.

Una térmica a carbón emite el doble de CO_2 que una térmica a Gas. Las siguientes son cifras reales del sistema de generación en Colombia reportadas por UPME (Boletín Enero 2014) y lo confirman

Fuente de Generación. .	Energía Generada. (MW h)	Consumo. (GBTU)	Emisión. (Ton CO2/ mes)	Índice. (Ton CO2 / MWh).
Gas Natural	935.100	8.197,3	476.549	0.510
Carbón.	583.400.	5.295.2.	543.351.	0.931.

La capacidad de generación de   una térmica convencional a carbón de 135 MW ,generaría 97.200 MWh/mes , que emitirían **90.493 Ton CO2 /mes** . (97.200 MWh/mes * 0.931 Ton CO2/MWh).

La térmica a carbón de ciclo combinado de 135 MW , con un consumo de carbón de **1286 TMD** utiliza el gas de síntesis proveniente del Gasificador, que tiene   la siguiente composición. (Anexo-1)

TMD.	% Vol .
CO. = 1739	62.10
H2. = 62.0	31.0
CO2. = 75.0	1.70
N2 = 103.0	3.70
Ar. = 47.	1.20

H2S =   11.7.   0.30.

Si este singas ya desulfurizado se utiliza para generación electrica , todo el CO combuste , de acuerdo as al siguiente reacción estequiométrica.

2CO   +   O2-------------   2 CO2.

2 * 28   2* 44 .

El gas de combustión enviado a la atmosfera, tendrá el siguiente contenido de CO2.

Por combustión de CO : (88 * 1739 TMD) / 56 = 2731 TMD.+ 75 TMD de CO2 inerte. = 2806 TMD.

Total CO2 expulsado a ala atmosfera. 2806 TMD * 30   = **84.180 Ton CO2 / mes.**

Si todo el gas de síntesis se utiliza para la producción de amoniaco, el gas proveniente de la sección de purificación y separación de la planta de amoiniaco (striper) contiene el 99.2% de CO2 equivalentes 2764 TMD de CO2, el cual se ,distribuye así:

Materia Prima para la Planta de Urea.   (1700 TMD)= 1275 TMD.   (47%   )

Otros usos o venteo a la atmosfera.   = 1489 TMD (53%) . Esta emisión atmosférica , de no existir otros usos, es equivalente a : = **44.670 Ton CO2 / mes.**

.

Comparación y **Análisis:**

Para la térmica de 135 MW aquí analizada, se comparan los resultados de emisiones de CO2, analizando tres posibles situaciones..

a) Emisión de CO2 en una térmica convencional quemando carbón = 90.493 Ton CO2 / mes.

b) Emisión de CO2 en una térmica de ciclo combinado y gasificación = 84.180 Ton CO2 / mes.

c) Emisión de CO2 utilizando el Singas para Generación y Amoníaco = 44.670 Ton CO2 / mes

Para el caso o situación de Colombia, aquí presentado, se obtiene **así un índice equivalente de 0.472 Ton CO2 / MWhe para el caso (C) inferior al índice de 0.510 Ton CO2 / MWh , operando con gas natural sólo para generación eléctrica..**

En general con la tecnología de gasificación aquí presentada, las emisiones de (NOx) y (SOx) son inferiores a las obtenidas con una térmica operando con gas.

Con la tecnología de gasificación y producción simultanea de amoniaco y energía eléctrica, las emisiones de CO2 se reducen en un 50% , haciéndolas equivalentes a las emisiones de una térmica operando con gas para generación eléctrica.

TECNOLOGIA LIMPIA PARA LA PRODUCCION DE FERTILIZANTES NITROGENADOS Y GENERACION ELECTRICA.

ANEXO. 3 GASIFICADORES SHELL & KOPPER TOTZEK Y TEXACO EVALUADOS.

Los siguientes Gasificadores fueron evaluados y seleccionados teniendo en consideración la composición final del gas de Síntesis y su aplicación para geracion eléctrica y producción de Nitrogenados simultáneamente.

CORTECÍA DE   : James Chemical Engineering Inc .

SIMPOSIO   : AMMONIA FROM COAL TECHNOLOGY.

PRESENTADO A : NATIONAL FERTILIZER DEVELOP. CENTER – USA. .

1- PROCESO TIPICO GASIFICADOR SHELL.

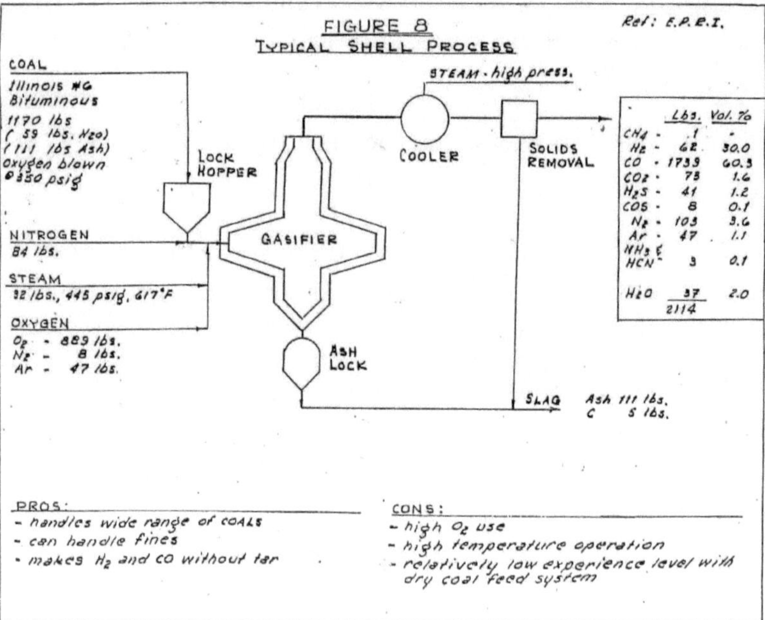
FIGURE 8
TYPICAL SHELL PROCESS
Ref: E.P.R.I.
COAL
Illinois #6
Bituminous
1170 lbs
(59 lbs. H2O)
(111 lbs Ash)
oxygen blown
@350 psig
NITROGEN
84 lbs.
STEAM
32 lbs., 445 psig, 617°F
OXYGEN
O2 - 889 lbs.
N2 - 8 lbs.
Ar - 47 lbs.
LOCK HOPPER
GASIFIER
ASH LOCK
STEAM - high press.
COOLER
SOLIDS REMOVAL
SLAG   Ash 111 lbs.
       C   5 lbs.
Lbs.   Vol. %
CH4 - .1   -
H2 -   62   30.0
CO - 1733   60.3
CO2 - 73   1.6
H2S - 41   1.2
COS -   8   0.1
N2 - 103   3.6
Ar -   47   1.1
NH3 &
HCN   3   0.1
H2O   37   2.0
      2114
PROS:
- handles wide range of COALS
- can handle fines
- makes H2 and CO without tar
CONS:
- high O2 use
- high temperature operation
- relatively low experience level with
  dry coal feed system

2- PROCESO TIPICO GASIFICADOR KOPPERS TOTZEK . & TEXAC0

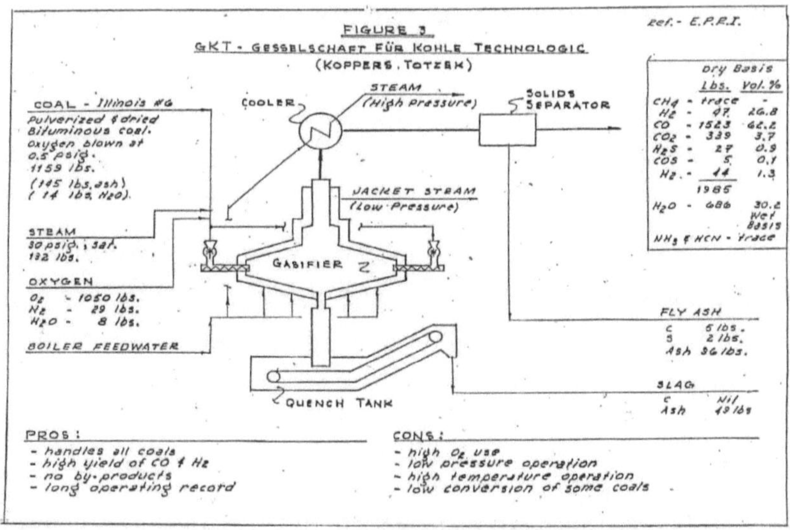

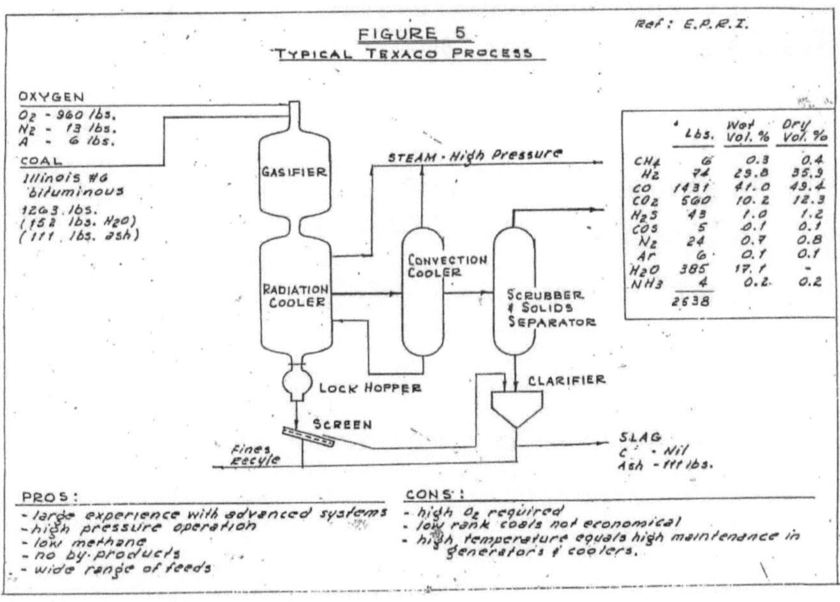

GASIFICACION DEL CARBON. CCT- TECNOLOGIA LIMPIA PARA LA PRODUCCION DE FERTILIZANTES NITROGENADOS Y GENERACION ELECTRICA .

REFERENCIA BIBLIOGRAFICA..

1- "FEASIBILITY STUDY REPORT ON: 180.000 MT/Y SYNTHETIC AMMONIA WITH 300.000 MT/Y UREA PROJECT. OF REFINERIA SEBASTOPOL GROUP. CERREJON COAL AS RAW MATERIAL"(2011). Beijing Unity Engineering Co. Ltd , CHINA (Reporter de un Estudio de Factibilidad para instalar en Sebastopol , Colombia un complejo de Urea y Amoníaco a partir de carbón con Ingenieria y Tecnologias China). (2011).

2. PROYECTO DE FACTIBILIDAD PARA INSTALAR UN COMPLEJO DE UREA & AMONIACO Y NITRATO DE AMONIO EN FERTICOL S.A A PARTIR DE GAS NATURAL. Kronos Energy S.A– E.S.P. (2014)

3 - INTER¨s CHINA UREA INDUSTRY REPORT. (2013)..-

4. TECNOLOGIAS GASIFICACION DE CARBON. htt:// libros.redsauce.net/.

5 - GASIFICATION PROCESSES. Old & New. Ronald W Breaut. NETL. DOE. USA . (,2010)

6- CLEAN COAL TECNOLOGY DEMONSTRATION PROGRAM . 1995. Depart. of Energy   DOE – USA.

7 - CLEAN COAL LOW COST ENERGY . SHELL BOULETIN (1991)

8.- SYMPOSIUM AMMONIA FROM COAL TECHNOLOGY. Presented at NATIONAL FERTILIZER DEVELOPMENT CENTER - USA . James Chemical Engineering . Sep. 1985.

9- CARBOQUIMICA FUTURO INDUSTRIAL DEL PAIS. Ponencia presentada al XVI CONGRESO COLOMBIANO INGENIERIA QUIMICA . CALI -COLOMBIA , Agosto 1989. Hernan Miranda Rz.

Printed by Books on Demand GmbH, Norderstedt / Germany